ISSN 0021-1915

16. JAHRGANG · SEITEN 213—244 · BERLIN JULI 1980

IPRAX 16 16 (7) 213—244 (1980) 32036

7

isotopenpraxis

EVP 9,— M

AKADEMIE-VERLAG

An unsere Autoren

Die Zeitschrift veröffentlicht Beiträge zu folgenden Themen: Kontrolle und Analyse radioaktiver und stabiler Isotope, Anwendung radioaktiver und stabiler Isotope in allen Gebieten der Forschung und Technik, der Industrie, Landwirtschaft und Medizin, Herstellung radioaktiver und stabiler Isotope sowie von markierten Verbindungen, kernelektronische Geräte für die Isotopenanwendung (Dickenmesser, Dichtemesser u. ä.) Detektoren für isotopentechnische Arbeiten und den Strahlenschutz in Isotopenlaboratorien, Meßtechnik und Strahlenschutz, Dosimetrie in Isotopenlaboratorien, kerntechnische Geräte für die Isotopenanwendung (Betron, Bestrahlungsanlagen u. ä.), Strahlenchemie, Radiochemie, ökonomische und perspektivische Fragen, Fragen der Weiterbildung.

1. Aufnahme von Manuskripten

Zur Veröffentlichung angenommen werden nur druckreife, noch nicht anderweitig publizierte Beiträge in deutscher, englischer oder russischer Sprache zum Themenbereich der Zeitschrift und zwar

Originalarbeiten
Kurze Originalmitteilungen
Aus der Praxis
Zusammenfassende Berichte
Tagungsberichte
Informationen.

Sind der Beitrag oder Teile daraus bereits veröffentlicht oder ist eine anderweitige Veröffentlichung vorgesehen, so muß dies der Redaktion mit genauer Angabe der Zweitveröffentlichung mitgeteilt werden. Mit der Annahme des Manuskriptes behält sich der Verlag das Recht der Vervielfältigung, Verbreitung und Übersetzung innerhalb der gesetzlichen Schutzfrist vor. Auszugsweiser Nachdruck oder photomechanische u. a. Wiedergabe sind an eine schriftliche Genehmigung des Verlages gebunden. Manuskripte, Zeichnungen und Photos von veröffentlichten Arbeiten werden nur auf den besonderen und bis zum Zeitpunkt der Veröffentlichung mitgeteilten Wunsch des Autors zurückgesandt.
Bei der unverlangten Einreichung von Manuskripten wird empfohlen, eine Befürwortung eines der Herausgeber oder Redaktionsausschußmitglieder beizufügen.
Manuskripte sind einzureichen bei der Redaktion, DDR-1080 Berlin, Leipziger Str. 3–4.

2. Form der Manuskripte

Die Autoren werden gebeten:
2 Manuskripte, eines davon in Original-Maschinenschrift, einseitig und mit 2zeiligem Abstand einzureichen; gut leserliche Photokopien sind zulässig; auf dem 1. Blatt (unter Weglassung der Bezeichnung)
den Titel der Arbeit
Vorname-Initialen und Namen sämtlicher Autoren
gegebenenfalls die Institution, in der sie tätig sind
eine kurze Zusammenfassung der Arbeit von höchstens 15 Zeilen
Keywords in alphabetischer Reihenfolge und
als Fußnote die Anschrift der Institution anzugeben;
wenn möglich auf gesonderten Blättern Namen, Titel der Arbeit und Zusammenfassung in den beiden anderen obengenannten Sprachen 2fach beizufügen;
Literaturhinweise (fortlaufend numeriert), Fußnoten, Tabellen, Abbildungen (in etwa 2facher Veröffentlichungsgröße), Abbildungsunterschriften (getrennt von den Abbildungen, mit Zeichenerklärungen, Quellenangaben, falls erforderlich, und gegebenenfalls mit einem Vermerk für besondere Wünsche bezüglich der Abbildungsgröße), private und Dienstanschrift der Verfasser mit akademischen Titeln und ausgeschriebenen Vornamen auf besonderen Blättern ans Ende des Manuskriptes zu stellen;
Wünsche für den Kolumnentitel (Seitenüberschrift) bekanntzugeben;
Absätze durch Einzüge von mindestens 3 Anschlägen kenntlich zu machen;
die Maßeinheiten des SI-Systems ("Systéme International") zu verwenden;
Korrekturen im Manuskript unmittelbar an der zu korrigierenden Stelle anzubringen;
Formeln deutlich lesbar und möglichst groß einzutragen;
Farbabbildungen und nachträgliche Änderungen oder Ergänzungen in Abbildungen zu vermeiden;
hervorzuhebende Textstellen zu unterstreichen, und zwar halbfetten Satz mit einer geraden schwarzen Linie, kursiven Satz (Schrägschrift) mit einer blauen Wellenlinie (alle Eigennamen). Sperrungen gestrichelt;
besondere Buchstaben durch farbige Unterstreichung zu kennzeichnen, und zwar Formelzeichen in

Griechisch-Kursiv (α, β, ...) rot,
Kursiv (*A*, *B*, ...) blau
halbfetter Kursiv (***A***, ***B***, ...) 2 Linien blau (Vektoren),
halbfetter Grotesk (**A**, **B**, ...) 2 Linien violett (Tensoren);

bei Literaturangaben auf Vollständigkeit zu achten. In nachstehender Reihenfolge müssen angegeben sein:

a) bei *Zeitschriften*: Vorname-Initialen und Namen sämtlicher Autoren, Titel der Zeitschrift (nach „Periodica Chimica" oder möglichst wenig gekürzt), Bandnummer (unterstrichen), Jahreszahl (in Klammern), Heftnummer (nur bei Zeitschriften, die jedes Heft mit S. 1 beginnen) sowie die Seitenzahl, auf der die zitierte Arbeit beginnt.

b) bei *Büchern*: Initialen der Vornamen und Name des Autors (Herausgeber werden durch den Zusatz „ed." gekennzeichnet), voll ausgeschriebener Titel des Buches in der Originalsprache, evtl. Bandnummer, voll ausgeschriebener Name des Verlages, Nummer der Auflage (außer der ersten), Erscheinungsort(e), Erscheinungsjahr (hier nicht in Klammern setzen!) und evtl. Kapitelnummer, Seitenzahl u. ä.

c) bei *Sammelbänden, Tagungsberichten*: Es soll zusätzlich der Titel des zitierten Beitrags angegeben werden. Die Seitenzahl muß unbedingt angegeben werden. Aus dem Zitat muß hervorgehen, ob es sich um einen Tagungssammelband oder um einen noch nicht veröffentlichten Vortrag handelt. Zwischen Tagungsort und Erscheinungsort des entsprechenden Tagungsberichts ist zu unterscheiden.

3. Korrekturen

Der Autor erhält zwei Umbruchabzüge, von denen einer möglichst schnell korrigiert an die Redaktion zurückgereicht werden soll. Auf Wunsch des Autors kann die Korrektur auch von der Redaktion gelesen werden.
Durch nachträgliche Manuskriptänderungen verursachte Korrekturkosten gehen, sofern sie 10% der Satzkosten übersteigen zu Lasten des Autors.
Der Autor erhält 50 Sonderdrucke kostenlos. Weitere Sonderdrucke können bis zur Rückgabe der Korrekturabzüge auf Kosten des Autors bei der Redaktion bestellt werden.

Bezugsmöglichkeiten

Bestellungen sind zu richten
— **in der DDR** an den Postzeitungsvertrieb; an eine Buchhandlung oder an den AKADEMIE-VERLAG, DDR-1080 Berlin, Leipziger Straße 3–4
— **im sozialistischen Ausland** an eine Buchhandlung für fremdsprachige Literatur oder an den zuständigen Postzeitungsvertrieb
— **in der BRD und Westberlin** an eine Buchhandlung oder an die Auslieferungsstelle KUNST UND WISSEN, Erich Bieber, 7000 Stuttgart 1, Wilhelmstraße 4–6
— **in Österreich** an den Globus-Buchvertrieb, 1201 Wien, Höchstädtplatz 3
— **in den übrigen westeuropäischen Ländern** an eine Buchhandlung oder an die Auslieferungsstelle KUNST UND WISSEN, Erich Bieber GmbH, CH-8008 Zürich/Schweiz, Dufourstraße 51
— **im übrigen Ausland** an den Internationalen Buch- und Zeitschriftenhandel; den Buchexport, Volkseigener Außenhandelsbetrieb der Deutschen Demokratischen Republik, DDR-7010 Leipzig, Postfach 160, oder an den AKADEMIE-VERLAG, DDR-1080 Berlin, Leipziger Straße 3–4

Zeitschrift „Isotopenpraxis"

Herausgeber: Im Auftrag des Akademie-Verlages herausgegeben von Prof. Dr. Justus Mühlenpfordt und Prof. Dr. Carl Friedrich Weiss
Verlag: Akademie-Verlag, DDR-1080 Berlin, Leipziger Straße 3–4; Fernruf 2 23 62 21 oder 2 23 62 29; Telex-Nr. 114 420;
Bank: Staatsbank der DDR, Berlin, Kto.-Nr.: 6836-26-20712
Chefredakteur: Dr. Klaus Uhlig, Berlin
Anschrift der Redaktion (Fernruf: 6 35 11 77) der Zeitschrift Isotopenpraxis: Akademie-Verlag, DDR-1080 Berlin, Leipziger Str. 3–4
Veröffentlicht unter der Lizenznummer 1527 des Presseamtes beim Vorsitzenden des Ministerrates der Deutschen Demokratischen Republik
Gesamtherstellung: VEB Druckerei „Thomas Müntzer", DDR-5820 Bad Langensalza
Erscheinungsweise: Die Zeitschrift „Isotopenpraxis" erscheint monatlich. Die 12 Hefte eines Jahrganges bilden einen Band. Bezugspreis je Band 180,— M zuzüglich Versandspesen (Preis für die DDR 108,— M). Preis je Heft 15,— (Preis für die DDR 9,— M)
Bestellnummer dieses Heftes: 1079/16/7

AN (EDV) 12831

ISOTOPENPRAXIS ISSN 0021-1915

Band 16 (1980), Heft 7, S. 213–244

Redaktion und Verlag: Akademie-Verlag, Redaktion Isotopenpraxis, 1080 Berlin, Leipziger Straße 3–4

Inhaltsverzeichnis

Originalarbeiten

H. Kaschenz, W. Noack, K. Runge, W. Körner

Energiespeicherung bei der Bestrahlung von Steinsalz

Isotopenpraxis 16 (1980) H. 7, S. 213 bis 217
3 Abb., 2 Tab., 29 Lit.

Zur Ermittlung der gespeicherten Energie bei der Einwirkung ionisierender Strahlung auf Steinsalz und den Bedingungen ihrer Freisetzung wurden lichtspektroskopische Absorptionsmessungen und differentialthermoanalytische Untersuchungen an in einer ^{60}Co-Bestrahlungsanlage bestrahlten Steinsalzproben durchgeführt. Im untersuchten Bereich der Energiedosis von $1 \cdot 10^6$ Gy bis $5 \cdot 10^7$ Gy beträgt die gespeicherte Energie 0,12 bis 1,5 kJ/kg. Der Hauptteil der gespeicherten Energie wird bei Erwärmung zwischen 200 °C und 350 °C freigesetzt. Es wird eingeschätzt, daß durch die gespeicherte Energie im Steinsalz keine Gefährdung bei der Endlagerung radioaktiver Abfälle eintritt.

T. Geßner

Gamma- und Röntgendetektoren aus hochohmigem neutronendotiertem n-Silizium

Isotopenpraxis 16 (1980) H. 7, S. 218 bis 221
5 Abb., – Tab., 8 Lit.

Aus geeignetem p-Silizium mit kleinen Borverteilungsschwankungen konnte hochohmiges n-Silizium mittels Neutronendotierung hergestellt werden. Dieses n-Silizium diente zur Herstellung von Detektorstrukturen mit implantierten Kontakten. Diese Detektoren sind für den Nachweis von Photonenstrahlung geeignet.
Anhand der beschriebenen physikalischen Grundlagen der Neutronendotierung und der Detektorparameter werden die Wege zur Verbesserung der spektrometrischen Eigenschaften von Detektoren aus neutronendotiertem Silizium diskutiert.

A. Engelmann, G. Reinhard

Erstellung von Quenchkorrekturkurven für die Flüssigszintillationsspektrometrie ^{14}C-haltiger biologischer Proben

Isotopenpraxis 16 (1980) H. 7, S. 222 bis 224
2 Abb., – Tab., 4 Lit.

Soll unterschiedliches biologisches ^{14}C-Material im LS-Spektrometer gemessen und hinsichtlich seiner spezifischen Radioaktivität untereinander verglichen werden, dann ergibt sich mit der Anwendung der herkömmlichen Methode zur Erstellung der Quenchkorrekturkurven ein erheblicher Aufwand. Am Beispiel von 20 verschiedenen Probenarten, die durch ein $HClO_4/H_2O_2$-Gemisch aufgeschlossen wurden, konnte jedoch nachgewiesen werden, daß unabhängig vom Probenmaterial eine einheitliche Quenchkurve, die durch die externe Standardkanalverhältnis-Methode zugänglich ist, Gültigkeit besitzt. Obwohl Farb- und chemische Quencher im allgemeinen unterschiedliche Korrekturkurven ergeben, läßt sich bei der Präparation der speziellen Quenchreihen das biologische Material durch den rein chemischen Quencher CCl_4 ersetzen. Dadurch reduziert sich der Aufwand für die Standardisierung wesentlich.

R. Otto, P. Hecht

Anwendungen der Indikatoranalyse mit radioaktiven Tracern in der Verfahrenstechnik

Isotopenpraxis 16 (1980) H. 7, S. 224 bis 228
6 Abb., 3 Tab., 2 Lit.

Es wird über die Anwendung der Indikatoranalyse mit radioaktiven Tracern zur Lösung unterschiedlicher Probleme in der chemischen und artverwandten Industrie berichtet.
Die Untersuchung von Misch- und Mahlvorgängen, die Ermittlung von Mitreißeffekten beim Verdampfen einer Flüssigkeit sowie von Abdampfverlusten eines Feststoffs beim Sinterprozeß, Untersuchungen zur Verteilung einer flüssigen Phase in einem Feststoff und die Bestimmung des Umsetzungsgrades einer chemischen Reaktion werden beschrieben.

W. A. Kaminski, B. S. Dshandshgawa

Theoretische Unterzuchung des chemischen Isotopenaustausches in Kolonnen und Errechnung von HETP (*in Russisch*)

Isotopenpraxis 16 (1980) H. 7, S. 229 bis 234
4 Abb., 2 Tab., 2 Lit.

Es wurde ein mathematisches Modell entwickelt, das den Prozeß des chemischen Isotopenaustauschs in einer Kolonne beschreibt. Es wurde ein Ausdruck für den Wert HETP im allgemeinen Falle, wenn die Reaktion sowohl an der Phasengrenzfläche als auch im Inneren der Flüssigkeit aufgrund des in ihr gelösten Gases abläuft, ermittelt. Die ermittelten Ausdrücke ermöglichen es, den Einfluß der Austauschreaktionskonstante, der Löslichkeit des Gases in der Flüssigkeit und der Diffusionskoeffizienten, die ihrerseits vom Betriebsdruck und der Temperatur, bei der der Prozeß abläuft, abhängig sind, zu berücksichtigen.

K. Farjo

„Mischung stabiler Isotope", ein Vorschlag zur Analysierung stabiler Isotope unter Anwendung eines Verfahrens ähnlich der Isotopenverdünnungsanalyse. Teil I. Theoretische Behandlung (*in Englisch*)

Isotopenpraxis 16 (1890) H. 7, S. 235 bis 236
– Abb., – Tab., 3 Lit.

Ein Verfahren (kurz „Mischung stabiler Isotope" genannt) ähnlich dem der Isotopenverdünnungsanalyse wird beschrieben. Es dient zur Bestimmung der relativen Häufigkeit stabiler Isotope. Mehrere entsprechende Formeln werden abgeleitet und diskutiert. Weitere Daten, z. B. eine Gewichtsformel, können auf dieselbe Weise erlangt werden.

Kurze Originalmitteilungen

U. Kosakowsky, R. Russow
Herstellung von Methylcyclopentan-^{14}C durch heterogenkatalysierte Isomerisierung von Cyclohexan-^{14}C

Isotopenpraxis 16 (1980) H. 7, S. 237 bis 238
1 Abb., – Tab., 3 Lit.

M. Schiekel, A. Steinbrecher
Der Einfluß des Atmosphärendruckes bei energiedispersiven Röntgenfluoreszenzanalysen leichter Elemente

Isotopenpraxis 16 (1980) H. 7, S. 239 bis 240
2 Abb., – Tab., – Lit.

Tagungsberichte

Isotopenpraxis 16 (1980) H. 7, S. 240 bis 241

Informationen

Isotopenpraxis 16 (1980) H. 7, S. 242 bis 243

Buchbesprechungen

Isotopenpraxis 16 (1980) H. 7, S. 244

ISOTOPENPRAXIS

Band 16 (1980), Heft 7, S. 213–244

Redaktion und Verlag. Akademie-Verlag, Redaktion Isotopenpraxis, 1080 Berlin, Leipziger Straße 3–4

Contents

Articles

H. Kaschenz, W. Noack, K. Runge, W. Koerner

Energy Storage with Irradiation of Rock Salt

Isotopenpraxis **16** (1980) No. 7, p. 213 to 217
3 Fig., 2 Tab., 29 Ref.

In order to determine the amount of energy stored through the action of ionizing radiation on rock salt together with the conditions of its release, light-spectroscopic absorption measurement and differential thermo-analytical investigations are conducted on rock-salt samples irradiated with ^{60}Co. Within the investigated energy dose range from $1 \cdot 10^6$ Gy to $5 \cdot 10^7$ Gy, the amount of stored energy is between 0.12 and 1.5 kJ/kg. The main portion of stored energy is released by heating to temperatures ranging from 200 to 350 °C. It is estimated that the stored energy in rock salt does not endanger final deposition of radioactive waste.

T. Gessner

Gamma- and X-Ray-Detectors from High Resistivity Neutron Transmutation Doping n-Silicon

Isotopenpraxis **16** (1980) No. 7, p. 218 to 221
5 Fig., – Tab., 8 Ref.

High resistivity n-silicon was produced by neutron transmutation doping from suitable p-silicon with small variations of boron distribution. This n-silicon was used for fabrication of detector structures with implanted contacts. The detectors are suitable for the registration of photon radiation. The chances of improving the spectrometrical properties of neutron transmutation doping n-silicon-detectors are discussed from the aspect of the described physical fundamentals of neutron transmutation doping and detector parameters.

A. Engelmann, G. Reinhard

Ascertainment of Quench Correction Curves for the Liquid Scintillation Spectrometry of ^{14}C Biological Samples

Isotopenpraxis **16** (1980) No. 7, p. 222 to 224
2 Fig., – Tab., 4 Ref.

If it is necessary to measure different ^{14}C-biological material in LS-spectrometer and to compare the specific decay rates then result a high expense by the application of traditional method. However it has been shown for 20 different sample materials, which were dissolved in the $HClO_4/H_2O_2$ solution, that there exists one uniform quench curve, independent of the sample material. The quench curves were determined by the external standard channels ratio method.
Though generally the colour and chemical quenchs have different correction curves, it has been shown that the biological material is reparable in the preparation of special quench ranges by the chemical quench CCl_4. Thereby the expense of standardization decreases essentially.

R. Otto, P. Hecht

Uses of Tracer Analysis in Technological Processes

Isotopenpraxis **16** (1980) No. 7, p. 224 to 228
6 Fig., 3 Tab., 2 Ref.

Содержание

Статьи

Х. Кашенц, В. Ноак, К. Рунге, В. Кернер

Накопление энергии в связи с облучением каменной соли

Isotopenpraxis **16** (1980) вып. 7, стр. 213 до 217
3 рис., 2 табл., 29 лит.

В целях определения объема энергии, накапливаемой в связи с воздействием ионизирующего излучения на каменную соль, а также условий ее высвобождения, осуществлены оптоспектроскопические исследования поглощения и дифференциально-термоаналитические исследования с помощью облучения ^{60}Co. В рассматриваемом пределе дозы энергии от $1 \cdot 10^6$ Gy до $5 \cdot 10^7$ Gy накапливаемая энергия составляет от 0,12 до 1,5 кJ/кг. Основная часть накопленной энергии высвобождается при нагревании до температур между 200 и 350 °C. Делается вывод, что накопленная в каменной соли энергия не вызывает опасений в отношении захоронения радиоактивных отходов.

Т. Гесснер

Детекторы рентгеновского и γ-излучения, изготовленные из высокоомного нейтронно-легированного кремния n-типа

Isotopenpraxis **16** (1980) вып. 7, стр. 218 до 221
5 рис., – табл., 8 лит.

Из подходящего кремния p-типа с малой неоднородностью распределения бора с помощью метода нейтронного легирования был получен кремний n-проводимости с высоким сопротивлением. Нейтронно-легированный кремний использовался. для изготовлений детекторных структур с имплантированными контактами. Детекторы испытывались при регистрации фотонов (рентгеновского и γ-излучений). На примере описанных физических основ нейтронного легирования и полученных параметров детекторов обсуждаются возможности улучшения спектрометрических свойств детекторов, изготовленных из нейтронно-легированного кремния.

А. Энгрельманн, Г. Райнхард

Определение калибровочных квенжкривых для жидкостной сцинтилляционной спектрометрии биологических проб, содержащих углерод ^{14}C

Isotopenpraxis **16** (1980) вып. 7, стр. 222 до 224
2 рис., – табл., 4 лит.

Применение обычно принятого метода для измерения различного биологического материала по ^{14}C ЖС-спектрометром со взаимным сравнением относительно удельной радиоактивности с целью получения калибровочных кривых гашения приводит к значительному обьему затрат. Однако, на примере 20 различных образцов, вскрытых с помощью смеси $HClO_4/H_2O_2$, удалось доказать, что независимо от материала образцов имеется общая кривая погашения, определяемая методом соотношений стандартных каналов, которая действительна в любом случае. Несмотря на то, что цветные и химические гасящие вещества в общем приводят к различным калибровочным кривым, в связи с приготовлением специальных серий биологический материал можно заменить чисто химическим гасящим веществом CCl_4. В результате этого можно добиться существенного сокращения затрат по стандартизации.

Р. Отто, П. Хехт

Области применения анализа методом меченых атомов в технологических процессах

Isotopenpraxis **16** (1980) вып. 7, стр. 224 до 228
6 рис., 3 табл., 2 лит.

Energiespeicherung bei der Bestrahlung von Steinsalz

H. Kaschenz

(Ingenieurhochschule Zittau)

W. Noack, K. Runge, W. Körner

(Staatliches Amt für Atomsicherheit und Strahlenschutz)[1])

Zur Ermittlung der gespeicherten Energie bei der Einwirkung ionisierender Strahlung auf Steinsalz und den Bedingungen ihrer Freisetzung wurden lichtspektroskopische Absorptionsmessungen und differentialthermoanalytische Untersuchungen an in einer ^{60}Co-Bestrahlungsanlage bestrahlten Steinsalzproben durchgeführt. Im untersuchten Bereich der Energiedosis von $1 \cdot 10^6$ Gy bis $5 \cdot 10^7$ Gy beträgt die gespeicherte Energie 0,12 bis 1,5 kJ/kg. Der Hauptteil der gespeicherten Energie wird bei Erwärmung zwischen 200 °C und 350 °C freigesetzt. Es wird eingeschätzt, daß durch die gespeicherte Energie im Steinsalz keine Gefährdung bei der Endlagerung radioaktiver Abfälle eintritt.

(A13; E52)INIS DESCRIPTORS:

absorption spectroscopy; annealing; differential thermal analysis; energy storage; F centers; gamma radiation; physical radiation effects; radiation doses; radiation hazards; radioactive waste disposal; salt deposits; sodium chlorides; stored energy; visible radiation

1. Einleitung

Eine wesentliche Frage, die bei der Beurteilung der Sicherheit der Endlagerung radioaktiver Abfälle im Steinsalz beantwortet werden muß, ist die Frage nach der Größe der gespeicherten Energie im Steinsalz. Durch die ionisierende Strahlung werden im Kristallgitter Defekte erzeugt, die eine Energiespeicherung (*Wigner*-Energie) darstellen. Daraus ergibt sich, daß bei einer plötzlichen Freisetzung dieser gespeicherten Energie Temperaturerhöhungen auftreten, die zu Zerstörungen im Einlagerungsbereich der radioaktiven Abfälle führen können. In allen Ländern, die eine Endlagerung ihrer radioaktiven Abfälle im Steinsalz planen oder durchführen, wird deshalb versucht, die Größe dieser gespeicherten Energie und die Temperaturen, bei der ihre Freisetzung erfolgt, experimentell zu bestimmen.

Im folgenden Beitrag werden die Ergebnisse lichtspektroskopischer Absorptionsmessungen und differentialthermoanalytischer Untersuchungen an Steinsalz mitgeteilt und die Ergebnisse anhand von Literaturwerten diskutiert.

2. Physikalische Effekte der Strahlenwirkung bei Alkalihalogenidkristallen

Aus der Sicht der Festkörperphysik zeigen die Alkalihalogenide, zu denen Steinsalz mit einem überwiegenden Anteil von Natriumchlorid gehört, prinzipiell ähnliche Eigenschaften bei der Einwirkung ionisierender Strahlung und der Speicherung ihrer Energie in Form von Strahlendefekten. Da die Bildung und Ausheilung von Strahlendefekten in Festkörpern ein sehr komplexer Vorgang ist [1–9], werden hier nur überblickmäßig die Arten von Strahlendefekten für ein chemisch reines Ionenkristallgitter der Alkalihalogenide beschrieben. Bei der Einwirkung ionisierender Strahlung auf den Festkörper werden durch Elektronenanregung oder Ionisation im Kristallgitter primäre Ladungsdefekte, Zwischengitterionen und Gitterleerstellen gebildet.

Die Ladungsdefekte, auch elektronische Defekte genannt, resultieren aus dem Übergang der p-Elektronen der Halogenidionen in das Leitungsband. Als Folge des fehlenden Elektrons verringert sich der Abstand zweier benachbarter Halogenidionen. Es entsteht somit ein Halogenidion (z. B. Cl_2^-) auf zwei Anion-Gitterplätzen mit einer in ⟨110⟩-Richtung liegenden Achse. Der vorliegende Zustand wird als V_k-Zentrum bezeichnet.

Bei den Defekten mit Zwischengitterionen stellt das H-Zentrum die einfachste Art des Defektes dar, bei dem sich ein Halogenidion (z. B. Cl_2^-) auf einem einzelnen Anionengitterplatz befindet. H-Zentren stehen in starker Wechselwirkung mit Verunreinigungen und sind in Alkalihalogeniden nur bei tiefen Temperaturen stabil. Aus der beobachteten optischen Absorption im ultravioletten Spektralbereich zwischen 190 nm und 230 nm bei bestrahlten Alaklihalogenidkristallen wurde auf Aggregate der Defekte von Zwischengitterionen geschlossen [1, 2, 10, 11]. Je nach Menge der zusammengelagerten Halogenmoleküle werden sie als V_2-, V_3 ... -Zentren bezeichnet.

Von den Defekten mit Gitterleerstellen ist die einfachste Art ein in einer Anionenleerstelle eingefangenes Elektron. Ein derartiger Defekt wird als F-Zentrum bezeichnet. Das Elektron in der Anionenleerstelle besitzt dabei eine Reihe diskreter Energiezustände zwischen dem Valenz- und Leitungsband. In bestrahlten Alkalihalogeniden bilden die F-Zentren, deren Absorptionsband im visuellen Spektralbereich liegt, den überwiegenden Anteil an den Defekten, so daß die Strahlenschädigung mit zunehmender absorbierter Energiedosis in guter Näherung durch die F-Zentrenbildung repräsentiert wird. Die Aggregate von zwei, drei oder vier F-Zentren werden M-, R- oder N-Zentren genannt. Ein geringer Teil der Aggregatzentren wird während der Bestrahlung gebildet. Die hauptsächliche Vergrößerung des Anteils erfolgt jedoch bei der Erwärmung bestrahlter Alkalihalogenidkristalle [2]. Die Zusammenlagerung von mehreren F- und M-Zentren in bestrahlten Alkalihalogenidkristallen führt zur Bildung von Alkalimetallkolloiden, die dispers im Kristallgitter verteilt vorliegen.

[1]) Anschrift: 1157 Berlin, Waldowallee 117

Tab. 1. Arten der Strahlendefekte in chemisch reinen Alkalihalogenidkristallen

Defektart		Defektbezeichnung	Defektaufbau	Absorptionswellenlänge f. Natriumchlorid nm
einfacher Ladungsdefekt		V_k	Halogenidion auf zwei benachbarten Anionenleerstellen	
Defekte mit Zwischengitterionen	einfacher Zwischengitterdefekt	H	Halogenidion in einer Anionenleerstelle	
	mehrfacher Zwischengitterdefekt	M′	Doppel-H-Zentrum	190–230
		V_2, V_3, V_4	Zwischengitterion-Moleküle mit eingefangenen Löchern	
	F-Zentren und Abarten	L_3 ... 1, K	Angeregte Zustände der F-Zentren	465
		F	Anionenleerstelle mit einem Elektron	
		F′	Anionenleerstelle mit zwei Elektronen	
Defekte mit Gitterleerstellen	Aggregatzentren	M	Doppel-F-Zentrum	730
		R	Dreifach-F-Zentrum	
		N, O	Vierfach-F-Zentrum	
	Kolloidalzentren	C, X	große Koagulationen von F-Zentren (Alkalimetallkolloide)	560–600

In Tab. 1 sind zusammenfassend die wesentlichen Arten der Strahlendefekte in chemisch reinen Alkalihalogenidkristallen dargestellt.

3. Experimentelle Untersuchungen

Zur Ermittlung der in Steinsalz durch Bestrahlung gespeicherten Energie und den Bedingungen ihrer Freisetzung wurden lichtspektrometrische Absorptionsmessungen und differentialthermoanalytische Untersuchungen durchgeführt. Als Probenmaterial wurde Steinsalz Na 2 der Staßfurt-Serie aus dem Zechstein 2 des Perm, einem in der DDR häufigen Steinsalz, aus dem ehemaligen Steinsalzbergwerk Bartensleben verwendet. Die Proben wurden aus Kernbohrungen gewonnen. Durch gezieltes Spalten des polykristallinen Materials wurden die gewünschten Probenabmessungen erhalten. Um die mit der mechanischen Bearbeitung verbundenen Effekte auszuschließen, wurde ein Teil der Proben 24 Stunden bei 500 °C ausgeheizt. Die Bestrahlung der eingeschlossenen Proben erfolgte durch die Gamma-Strahlung des ^{60}Co in einer Bestrahlungsanlage. Die mit einem Chlor-Benzol-Dosimeter bestimmte Energiedosisleistung am Bestrahlungsort ergab $(4{,}4 \pm 0{,}4)$ Gy/s. Die Temperatur im Bestrahlungsraum betrug 25 °C bis 35 °C. Die Proben wurden mit Energiedosen zwischen $(1{,}0 \pm 0{,}1) \cdot 10^6$ Gy und $(5{,}0 + 0{,}5) \cdot 10^7$ Gy exponiert.

Bei den lichtspektrometrischen Absorptionsmessungen wurde über zwei Lichtstrahlen der Transmissionsgrad ϑ als das Verhältnis des aus der bestrahlten Probe austretenden Lichtstromes zu dem aus derBezugsprobe austretenden Lichtstrom in Abhängigkeit von der Wellenlänge des Lichtes bestimmt. Die Extinktion ergibt sich aus

$$E = \log \frac{1}{\vartheta} \tag{1}$$

Die Messungen erfolgten mit dem Zweistrahl-Spektralphotometer SPECORD UV VIS der Firma Carl Zeiss Jena, dessen Wellenlängenbereich 185 nm bis 800 nm bei spektralen Bandbreiten < 1 nm beträgt. Der Querschnitt der Proben betrug 16 mm × 16 mm und die Dicke zwischen 2,0 und 4,0 mm mit einem Fehler von 2%. Vor der Bestrahlung wurde zwischen der zu untersuchenden Probe und der Bezugsprobe der Transmissionsgrad bestimmt. Die bestrahlten Steinsalzproben sind vor den Messungen mit einer Aufheizrate von 0,5 K/s bis zu der jeweils interessierenden Temperatur erwärmt und dann mit ca. 1,7 K/s abgekühlt worden. Die jeweils erreichte Temperatur konnte bei einem Fehler von ± 5 K bestimmt werden.

Mit der Differentialthermoanalyse wurden der Wärmeumsatz und die Umwandlungstemperaturen in bestrahltem Steinsalz bei den physikalischen bzw. chemischen Prozessen untersucht, die bei der Erwärmung der Probe ablaufen. Für die Messungen wurden die zu untersuchende Probe und eine Referenz-Steinsalz-Probe, die keine thermischen Umwandlungen erleidet, verwendet. Die sich bei der Erwärmung zwischen den Proben einstellende Temperaturdifferenz wurde gemessen und als Thermospannung als Funktion der Probentemperatur aufgenommen. Diese Darstellung läßt Rückschlüsse auf die Ausheiltemperaturen von Strahlendefekten und bedingt auch auf die entsprechenden Wärmeumsätze zu [12–14]. Als Meßgerät wurde das Differential-Scanning-Kalorimeter DSC 2 der Firma Perkin-Elmer verwendet. Die Empfindlichkeit bei den Messungen betrug 0,4 mJ/s.

Es wurde folgendes Meßprogramm durchlaufen:

1. Aufheizung der bestrahlten Probe und der Referenzprobe mit 0,17 K/s bzw. 0,66 K/s bis 380 °C
2. Abkühlung der unveränderten Anordnung mit –0,17 K/s bzw. –0,66 K/s bis auf Raumtemperatur
3. Wiederholung der Meßgänge 1 und 2 zur Festlegung der Thermospannung in Abhängigkeit von der Temperatur (Basislinie)
4. Wiederholung des Meßganges 3 zur Überprüfung der Reproduzierbarkeit der Thermospannung in Abhängigkeit von der Temperatur.

Die umgesetzten Wärmemengen wurden aus den Peakflächen ermittelt.

4. Ergebnisse

Bei den lichtspektrometrischen Absorptionsmessungen wurde als Ergebnis die Temperaturabhängigkeit des Transmissionsgrades bzw. der Extinktion erhalten (vgl. Abb. 1). Zwischen 150 °C und 300 °C ist bei Verringerung der F-Bandenabsorption ein Anwachsen der Aggregat- und Kolloidalzentren festzustellen. Eine Änderung der V-Bandabsorption ist bis 250 °C nicht nachweisbar. Die Entstehung der M- und Kolloidalzentren wird durch die F-Zentren hervorgerufen, die in ihrer Absorptionswirkung für $T \geqq 150$ °C geringer werden. Die M-Zentren verschwinden bei Temperaturen über 250 °C, die F-Bandabsorption bei 320 °C, und bei 350 °C gehen die V- und Kolloidalbandabsorption gegen Null. Es kann also festgestellt werden, daß in der Anfangsphase des Aufheizens der bestrahlten Proben bis 300 °C eine Aggregatbildung der F-Zentren in M-Zentren und danach vor allem in Natriummetall-Kolloidalzentren stattfindet. Oberhalb 300 °C kommt es dann zur Rekombination der schon während der Bestrahlung entstandenen V-Zentren mit den Natriummetall-Kolloidalzentren, d. h. die Rekombination von Elektronenzentren (Kolloidalzentren) mit Zentren positiver Löcher (V-Zentren).

Weiterhin wurde mit steigender Energiedosis und Erwärmung eine Verlagerung des Absorptionsmaximums vom Kolloidalband beobachtet, die auf eine Vergrößerung der Kolloidalzentren schließen läßt.

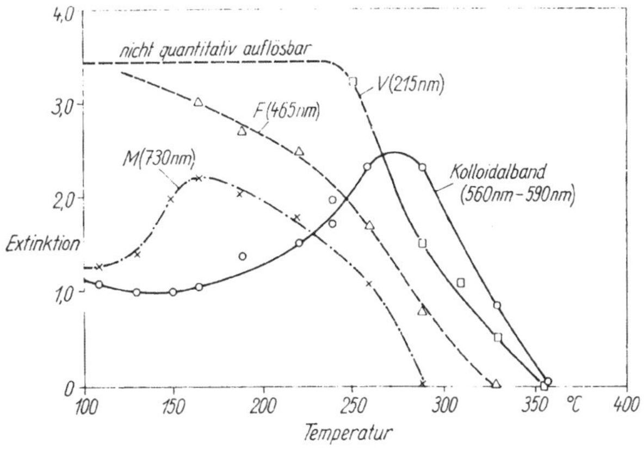

Abb. 1. Extinktion in Abhängigkeit von der Temperatur für bestrahltes Steinsalz ($D = 1 \cdot 10^5$ Gy)

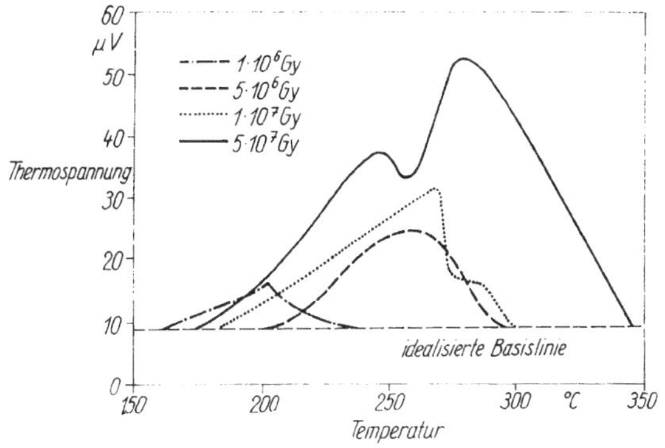

Abb. 2. Ergebnisse der differentialthermoanalytischen Messungen (Empfindlichkeit 0,4 mJ/s, Aufheizrate 0,66 K/s)

Der Hauptteil der gespeicherten Energie wird im Temperaturbereich von 200 °C bis 350 °C freigesetzt. Die Ergebnisse der differentialthermoanalytischen Messungen zeigt Abb. 2, in der die Thermospannung in Abhängigkeit von der Temperatur bei einer idealisiert angenommenen Basislinie für unterschiedlich bestrahlte Proben dargestellt ist. Die Energiefreisetzung beginnt bei ca. 150 °C. Die maximalen Energiefreisetzungen erfolgen bei 202 °C bis 217 °C, 267 °C und 357 °C. Mit steigender Energiedosis erweitern sich die Temperaturbereiche der Energiefreisetzung. Bei $1 \cdot 10^6$ Gy erfolgt sie über einen Temperaturbereich von 70 K und bei $5 \cdot 10^7$ Gy über 165 K. In Abb. 3 ist die gesamte gespeicherte Energie in Abhängigkeit von der Energiedosis dargestellt. Die gespeicherte Energie im Energiebereich zwischen $(1{,}0 \pm 0{,}1) \cdot 10^6$ Gy und $(5{,}0 \pm 0{,}5) \cdot 10^7$ Gy liegt im Bereich zwischen $(0{,}12 \pm 0{,}04) \cdot$ kJ/kg und $(1{,}5 \pm 0{,}4)$ kJ/kg. Daraus kann als Näherung für die maximale gespeicherte Energie, bezogen auf die Energiedosis, der Wert $1 \cdot 10^{-7}$ kJ/(kg · Gy) abgeleitet werden.

Die Sättigung der gespeicherten Energie konnte im betrachteten Energiedosisbereich nicht festgestellt werden.

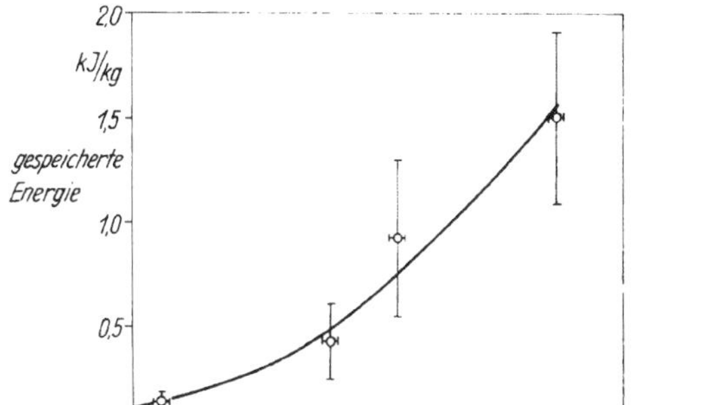

Abb. 3. Gespeicherte Energie in bestrahltem Steinsalz in Abhängigkeit von der Energiedosis

5. Diskussion der Ergebnisse

Die bei den lichtspektrometrischen Absorptionsmessungen bei steigender Energiedosis und Erwärmung beobachtete Verlagerung des Absorptionsmaximums des Kolloidalbandes zu größeren Wellenlängen, die auf eine Vergrößerung der Kolloidalzentren schließen läßt, stimmt mit den Feststellungen von *Holdoway* [15] überein, daß mit steigender Bestrahlungstemperatur der Durchmesser von Natriumkolloiden im bestrahlten Natriumchlorid zunimmt.

Tab. 2. Meßergebnisse zur gespeicherten Energie in chemisch reinem Natriumchlorid und natürlichem Steinsalz

Probenmaterial	Strahlungsart	Bestrahlungs-temperatur t_B	Energiedosis-leistung Gy/s	Energiedosis Gy	Meßmethode	gespeicherte Energie kJ/kg	Quellen-angabe
1	2	3	4	5	6	7	8
chemisch reine NaCl-Einkristalle	Protonen (350 MeV)	Raumtemperat.	–	Fluenz: $10^{16} - 10^{20}$ m^{-2}	Differential-thermoanalyse	10,5[1])	[20]
chemisch reine NaCl-Einkristalle	Röntgenstrahlung (140 keV)	Raumtemperat.	–	–	Lösungskalorimetrie	0,4	[23]
chemisch reine NaCl-Einkristalle	Gamma-Strahlung des ^{60}Co	Raumtemperat.	3,0	$5 \cdot 10^6$	Differential-thermoanalyse	8,4	[21]
chemisch reine NaCl-Einkristalle	Gamma-Strahlung des ^{60}Co Röntgenstrahlung (190 keV)	Raumtemperat.	1,7	Werte bis zur Sättigung der gespeicherten Energie	Differential-thermoanalyse	1,2	[22]
chemisch reine NaCl-Einkristalle Harshaw-Steinsalz	Elektronen (2 MeV)	100 °C	$1,7 \cdot 10^3$	$\leqq 10^9$	Differential-thermoanalyse Lösungskalorimetrie	8,4[1])	[16]
Steinsalz amerikanischer Salzlagerstätten	Gamma-Strahlung des ^{60}Co	20 – 165 °C	$< 1,7 \cdot 10^2$	$\leqq 10^9$	Drop-Kalorimetrie (Wärmeflußkalorimetrie) Lösungskalorimetrie	0($t_B > 150$ °C) 82[1]) (120 °C $\leqq t_B \leqq$ 150 °C) 251[1]) ($t_B < 120$ °C)	[24, 25]
Steinsalz amerikanischer Salzlagerstätten (Harshaw, Lyons, New Mexico, Weeks, Winfield Mine, Grande Saline) Steinsalz aus dem Bergwerk Asse (BRD) chemisch reines NaCl	Gamma-Strahlung des ^{60}Co, Gamma-Strahlung von HFJR-Brennelementen	30 – 158 °C	$1,7 \cdot 10^1 - 2,1 \cdot 10^3$	$1 \cdot 10^6 - 8 \cdot 10^8$	Drop-Kalorimetrie Lösungskalorimetrie chemische Methoden zur Bestimmung der Reaktionsprodukte bei Lösung in Wasser	0($t_B \geqq 150$ °C) 209[1]) (30 °C $\leqq t_B$ < 150 °C)	[26]
Staßfurt-Steinsalz	Gamma-Strahlung des ^{60}Co	25 – 35 °C	4,4	$1 \cdot 10^6 - 5 \cdot 10^7$	Differential-thermoanalyse	0,12 – 1,5	eigene Messung [27]

[1]) maximaler Wert im untersuchten Energiedosisbereich

Im untersuchten Fall der Ausheilung von Strahlendefekten im Steinsalz sind prinzipiell die gleichen Mechanismen der Umwandlung und Rekombination wie im chemisch reinen Natriumchloriskristall wirksam [16, 17]. Jedoch liegen die experimentell ermittelten Umwandlungstemperaturen für Steinsalz gegenüber den Werten für reines Natriumchlorid [18, 19] um 30 K bis 50 K zu höheren Temperaturen hin verschoben. Die Ursache dafür ist wahrscheinlich auf die größere Aufheizrate der im Rahmen dieser Untersuchungen durchgeführten Experimente zurückzuführen. Unabhängig davon konnte die vollständige Ausheilung der verschiedenen Strahlendefekte im bestrahlten Steinsalz oberhalb 350 °C bestätigt werden.

Die aus den differentialthermoanalytischen Messungen ermittelten Temperaturbereiche einer erhöhten Energiefreisetzung stimmen mit veröffentlichten Ergebnissen [20–22] überein.

Mit steigender Energiedosis scheint sich die maximale Energiefreisetzung zu höheren Temperaturen zu verschieben. Dieser Effekt wäre mit der Bildung komplexer Strahlendefekte (M-, N-, Kolloidalzentren) bei höheren Energiedosen erklärbar, deren Ausheilung entsprechend den optischen Untersuchungen bei höheren Temperaturen als die der F-Zentren stattfindet.

In Tab. 2 sind neben den eigenen Ergebnissen [27] die Werte anderer Autoren zur gespeicherten Energie in chemisch reinem Natriumchlorid und in Steinsalz aufgeführt.

Ein direkter Vergleich der eigenen Meßergebnisse mit den Werten in [16, 20–23] ist auf Grund der unterschiedlichen Voraussetzungen und der Unvollständigkeit der Angaben nicht möglich. Bei den Untersuchungen von *Jenks* [26] wurde für die Energiespeicherung ein maximaler Wert von $5{,}9 \cdot 10^{-7}$ kJ/(kg · Gy) abgeleitet. Diese Angabe für das Steinsalz amerikanischer Salzlagerstätten ist um ca. eine halbe Größenordnung höher als der aus den eigenen Ergebnissen ermittelte Wert von $1 \cdot 10^{-7}$ kJ/(kg · Gy).

6. Schlußfolgerungen

Für die Beurteilung des Einflusses der Energiespeicherung auf die sichere Endlagerung radioaktiver Abfälle in Steinsalz erfolgt eine Abschätzung auf der Grundlage vereinfachender und ungünstiger Voraussetzungen. Diese Bedingungen beinhalten, daß keine Ausheilung der Strahlendefekte während der Exposition erfolgt, die Energiefreisetzung plötzlich abläuft und keine Wärmeableitung vorliegt. Als Wert für die zu erwartende maximale Energiedosis werden unter Berücksichtigung von Rechenergebnissen [27] und Beachtung von Sättigungserscheinungen bei der Energiespeicherung [24] $1 \cdot 10^9$ Gy verwendet. Bei Benutzung der aus den eigenen Messungen abgeschätzten maximalen Energiespeicherung von $1 \cdot 10^{-7}$ kJ/(kg · Gy) folgt für die Temperaturerhöhung im betreffenden Steinsalz

$$\Delta T = \frac{Q}{m \cdot c} = \frac{100\ \text{kJ}}{\text{kg}} \cdot \frac{\text{kg} \cdot {}^\circ\text{C}}{0{,}88\ \text{kJ}} \approx 114\ \text{K} \qquad (2)$$

Dabei sind $\frac{Q}{m}$ die in der Masse m des Steinsalzes gespeicherte Energie Q und c die spezifische Wärme des Steinsalzes, für die der Wert 0,88 kJ/(kg · °C) [28] verwendet wurde.

Bei der Endlagerung radioaktiver Abfälle tritt auf Grund der Strahlenabsorption im Steinsalz in den Nahbereichen zum Abfall hin, in denen eine Exposition bis zur genannten maximalen Energiedosis erfolgt, jedoch eine Temperaturerhöhung bis auf 200 °C ein [29]. Dabei ändert sich die Temperatur in Abhängigkeit vom Abstand zum radioaktiven Abfall im Steinsalz wesentlich weniger als die Energiedosisleistung [27]. Unter Beeücksichtigung der Ergebnisse von *Jenks* [24–26], daß bei Bestrahlungstemperaturen über 150 °C die Energiespeicherung vernachlässigbar ist, kann eine wesentliche Unterschreitung der in Gl. (2) abgeschätzten Temperaturerhöhung erwartet werden. Werden die weiteren vereinfachenden Annahmen beachtet, so ist selbst bei Verwendung des Wertes $5{,}9 \cdot 10^{-7}$ kJ pro (kg · Gy) [26] für die Energiespeicherung ein wesentlich kleinerer Wert für die Temperaturerhöhung zu erwarten, als er sich nach Gl. (2) zu 670 °C ergibt. Weiterhin ist zu beachten, daß sich die betrachteten Temperaturerhöhungen nur auf einen relativ geringen Massenanteil des Steinsalzes um den radioaktiven Abfall handelt. Demzufolge wird durch freigesetzte Energie nur eine relativ geringe Wärmemenge dem Steinsalz um den Abfallkörper zugeführt.

Unter Beachtung der realistischen Bedingungen und den erhaltenen Ergebnissen ist also die Schlußfolgerung gerechtfertigt, daß aus dem Effekt der Energiespeicherung bei der Endlagerung radioaktiver Abfälle im Steinsalz keine Gefährdung der Sicherheit zu erwarten ist.

Eingegangen am 12. 12. 1979

Literatur

[1] *J. R. Crawford*, Advances in Physics **17** (1968) 309
[2] *E. Sonder, W. A. Sibley*, Point Defects in Solids, Vol. 1, Plenum Press, New York, London 1972
[3] *G. E. R. Schulze*, Metallphysik, Akademie-Verlag, Berlin 1974
[4] *A. Henglein* et al., Einführung in die Strahlenchemie, Akademie-Verlag, Berlin 1969
[5] *M. Kaindl, H. E. Graul*, Strahlenchemie, Dr. Alfred Hüttig Verlag, Heidelberg 1967
[6] *Ch. Kittel*, Einführung in die Festkörperphysik, Akademie-Verlag Ges., Geest und Portig KG, Leipzig 1973
[7] *R. Brdička*, Grundlagen der Physikalischen Chemie, VEB Deutscher Verlag der Wissenschaften, Berlin 1969
[8] *F. Fröhlich, S. Allrichter*, Annalen der Physik **17** (1966) 7. Folge, 143
[9] *R. Sizmann*, Nucleonik **1** (1959) 357
[10] *K. M. Diller*, Dissertation, Harwell Atomic Energy Research Establishment (1975)
[11] *N. Itoh, M. Saidoh*, Journal de Physique **34** (1973) 101
[12] *D. Schultze*, Differentialthermoanalyse, Berlin 1971
[13] *H. G. Wiedemann*, Proceedings of the Third International Conference on Thermal Analysis, Vol. 1–3, Davos 1971
[14] *P. G. Gordinko*, NIIAR-P-168 (UDK 536.62.004.13), Dimitrowgrad 1977
[15] *K. A. Holdoway*, COO-1057-58 (1972)
[16] *J. O. Blomeke* et al., ORNL-TM-3403 (1971)
[17] *B. D. Gunter, F. L. Parker*, ORNL-3027 (1961)
[18] *В. И. Оцерский, И. З. Кризтапзон*, Известия Акад. Наук. Латв. ССР, инт. физики 3 (1974)
[19] *В. И. Оцерский, И. З. Кристапзон*, всесоюзное совещание по радиационной физике и химий ионнох кристаллов, Рига, 1975
[20] *K. Kobayashi*, Phys. Rev. **102** (1956) 348
[21] *E. K. Zavadovskaja, U. B. Kuzmina*, Fizika **1** (1965) 145
[22] *J. M. Bunch, E. Pearlstein*, Phys. Rev. **181** (1969) 3
[23] *F. T. Phelps, E. Pearlstein*, Phys. Rev. **128** (1962) 4
[24] *G. H. Jenks, C. D. Bopp*, ORNL-TM-4449 (1974)
[25] *G. H. Jenks* et al., J. Phys. Chem. **79** (1975) 871
[26] *G. H. Jenks, C. D. Bopp*, ORNL-5058 (1977)
[27] *H. Kaschenz*, Strahlenphysikalische Eigenschaften von Steinsalz für eine Sicherheitseinschätzung der Endlagerung hochaktiver Abfälle. Diss. A, Ingenieurhochschule Zittau 1978
[28] *R. L. Bradshaw, U. C. McClain*, ORNL-4555 (1971)
[29] *R. D. Cheverton, W. D. Turner*, ORNL-4726 (1971)

Gamma- und Röntgendetektoren aus hochohmigem neutronendotiertem n-Silizium

T. Geßner

(Technische Universität Dresden, Sektion Physik, Bereich Angewandte Kernphysik)[1])

Aus geeignetem p-Silizium mit kleinen Borverteilungsschwankungen konnte hochohmiges n-Silizium mittels Neutronendotierung hergestellt werden. Dieses n-Silizium diente zur Herstellung von Detektorstrukturen mit implantierten Kontakten. Diese Detektoren sind für den Nachweis von Photonenstrahlung geeignet.
An Hand der beschriebenen phyiskalischen Grundlagen der Neutronendotierung und der Detektorparameter werden die Wege zur Verbesserung der spektrometrischen Eigenschaften von Detektoren aus neutronendotiertem Silizium diskutiert.

(E41) INIS DESCRIPTORS:

beta-minus decay; crystal doping; doped materials; electric conductivity; gamma radiation; neutron reactions; n-type conductors; phosphorus 31; p-type conductors; radioactivation; silicon; silicon 31; silicon 30 target; Si semiconductor detectors; thermal neutrons; X radiation

1. Einleitung

In der Gamma- und Röntgenspektrometrie werden Halbleiterdetektoren, die sich durch ein gutes Energieauflösungsvermögen und hohe Nachweiseffektivität auszeichnen, eingesetzt. Eine vollständige Absorption der Quantenstrahlung im Detektormaterial erfordert Strukturen mit großen empfindlichen Nachweiszonen, die durch eigenleitende bzw. hochohmige n-Siliziumkristalle realisiert werden. Außer der bereits erwähnten Forderung nach großen Nachweiszonen sind für die Gamma- und Röntgenspektrometrie Kristalle mit homogenen Ladungsträgerverteilungen und wenig Gitterstörungen erforderlich. In gestörten Kristallbereichen wird die Rekombinationsrate durch die Ausbildung von Störzentren im verbotenen Bereich zwischen Leitungs- und Valenzband erhöht. Die Minoritätsträgerlebensdauer τ, die der Rekombinationsrate indirekt proportional ist, charakterisiert die Kristallgüte des Siliziummaterials. Sie ist in spektrometrischen Kenngrößen wie z. B. der Sammeleffektivität und dem Detektorsperrstrom, welcher u. a. das elektronische Rauschen der Spektrometeranordnung bestimmt, enthalten. Die Sammeleffektivität η_s bei Energien < 6 keV (*Colemann* [1]) und der Generationsstromanteil i_{Gen} des Sperrstromes für pn-Übergänge wird durch folgende Abhängigkeiten beschrieben:

$$\eta_s = \frac{Q}{Q_0} = 1 - \frac{d^2}{2\mu \cdot \tau \cdot U} \quad (1)$$

$$i_{Gen} = eAn_i(2\mu\varrho_n U)^{1/2}/2\tau \quad (2)$$

mit

Q = Zahl der gesammelten Ladungsträger im Detektor
Q_0 = Zahl der gebildeten Ladungsträger im Detektor
d = Dicke der empfindlichen Zone
U = Detektorspannung
A = Fläche der empfindlichen Zone
e = Elementarladung
n_i = Eigenleitungskonzentration an Ladungsträgern
μ = Elektronenbeweglichkeit
ϱ_n = spezifischer Widerstand des n-Siliziums.

Aus den Gleichungen (1) und (2) ist ersichtlich, daß eine große Trägerlebensdauer die Sammeleffektivität erhöht, den Detektorsperrstrom verkleinert und damit die Sammel- und Rauscheigenschaften des Spektrometers verbessert.

Problematisch und sehr aufwendig ist die Züchtung von sehr hochohmigen n-Siliziumkristallen mit homogenen Ladungsträgerverteilungen und wenig Verunreinigungen. Diese Schwierigkeit bei der Züchtung im Labor beeinflußte die Detektorentwicklung der letzten Jahre. Es wurden Techniken entwickelt, mit denen man vorhandene Akzeptorverteilungen durch den gezielten Einbau von Donatorverteilungen kompensieren kann. So ist es durch die Si(Li)-Drifttechnik in den siebziger Jahren gelungen, sehr rauscharme Spektrometer zu entwickeln. Die Energieauflösungen betragen heute bei hochauflösenden Spektrometern mit gekühltem Si(Li)-Detektor (rund 77 K) 140 bis 180 eV für die Mn-K_α-Linie und 600 bis 900 eV bei einer Gammaenergie von 122 keV.

Durch die große Beweglichkeit der Li-Atome im Silizium ist die Kühlung mit flüssigem Stickstoff erforderlich. Eine Erwärmung auf Raumtemperatur bewirkt Veränderungen der Detektorfensterdicke durch Li-Diffusions- und Präzipitationsvorgänge. Eine Vergrößerung der Detektorfensterdicke bewirkt eine Untergrunderhöhung speziell bei der Spektrometrie im niederenergetischen Röntgenbereich und damit eine Verschlechterung des Peak/Untergrund-Verhaltens (*Muggleton* [2]). Diese schwer reproduzierbaren Veränderungen sind Nachteile der Si(Li)-Technik.

Andere Dotanten, wie z. B. Phosphor, haben um Größenordnungen geringere Diffusionskoeffizienten als Lithium im Silizium. Strukturen mit diesen Dotanten ermöglichen ein besseres Temperaturverhalten und gegebenenfalls auch eine Spektrometrie bei Raumtemperatur.

Die Neutronendotierung (*N*eutron *T*ransmutation *D*oping) von p-Siliziumkristallen ist eine Methode zur Herstellung von n-Silizium durch den Einbau von Phosphor mittels einer Kernreaktion. Das Wesen der Methode besteht in der Möglichkeit, durch den gezielten Einbau von P-Atomen sehr hochohmiges n-Silizium herzustellen. Mit hochohmigem n-Silizium von z. B. 40 kΩ cm können bei 300 V Detektorspannung Raumladungszonen von 2 mm Dicke und Kapazitätswerte von 0,6 pF pro 10 mm² Fläche realisiert werden. Die Technologie der Detektorherstellung aus diesem n-Siliziummaterial ist durch den Einsatz vom ionenimplantierten Kontakten oder Oberflächenbarrieren variabel und einfacher im Vergleich zur Si(Li)-Technik.

Die NTD-Methode wurde bereits Anfang der sechziger Jahre von *Messier* [3] zur Detektorherstellung vorgeschla-

[1]) Anschrift: 8300 Pirna-Copitz, Pratzschwitzer Str. 15

gen. Die ungenügende Homogenität des p-Siliziums verhinderte damals eine weitere Entwicklung dieser Methode. Die Verbesserung der Floating-Zonen-Technik bei der p-Siliziumherstellung brachte einen neuen Aufschwung der Neutronendotierung zur Herstellung von niederohmigem n-Silizium Mitte der siebziger Jahre (*Herzer* [4]). In neuesten Veröffentlichungen von *Kim* [5] und *Kraner* [6] werden hochwertige β-Strahlungsdetektoren bzw. Röntgendetektoren aus hochohmigem NTD-n-Si vorgestellt.

2. Grundlagen der Neutronendotierung

Die Neutronendotierung basiert auf der Nuklidumwandlung des ^{30}Si in ^{31}P bei der Bestrahlung mit thermischen Neutronen gemäß der Reaktion

$$^{30}Si(n, \gamma)^{31}Si \xrightarrow{\beta^-(2,62\ h)} {}^{31}P \qquad (3)$$

Die ^{31}Si-Atome und damit die P-Atome, die bekanntlich im Silizium als Donatorzentren wirken, werden durch die Rückstoßenergie der (n, γ)-Reaktion nicht auf reguläre Gitterplätze eingebaut. Ein Dotierungseffekt wird demzufolge erst nach einer nach einer nachträglichen Temperung bei erhöhter Temperatur erreicht.

Bei der Bestrahlung im Kernreaktor trifft auch ein Teil schneller Neutronen auf das Siliziummaterial. Dabei werden durch elastische Stöße von Neutronen mit Siliziumatomen und anschließenden Siliziumatomstößen untereinander große Störgebiete (Cluster) gebildet.

Neutronen der Energie von 1 MeV erzeugen im Mittel durch diese Stoßprozesse rund $5 \cdot 10^2$ bis 10^3 versetzte Siliziumatome (*Sour* [7] und *Geßner* [8]). Eine Ausheilung dieser Clustergebiete ist kompliziert und erst bei hohen Temperaturen möglich ($T \gtrapprox 600\ °C$). In diesem Temperaturbereich kann jedoch durch Komplexbildungserscheinungen mit C- bzw. O-Atomen bereits wieder eine Verkleinerung der Trägerlebensdauer einsetzen. Es ist deshalb günstig, mit großen Verhältnissen von thermischen zu schnellen Neutronen zu arbeiten.

Die homogene Isotopenverteilung im Silizium ermöglicht einen homogenen Einbau der P-Atome. Dies ist ein großer Vorteil der Methode, denn der homogene Einbau von Donatorverteilungen auch in Mikrobereichen ist bei der Kristallzüchtung schwer zu realisieren. Verwendet man p-Silizium mit homogenen Akzeptorverteilungen, so kann mit der Neutronendotierung sehr hochohmiges n-Silizium hergestellt werden.

3. Herstellung von hochohmigem NTD-n-Silizium

Im folgenden sollen die ersten Ergebnisse bei der Untersuchung des Einsatzes von neutronendotiertem n-Silizium für Gamma- und Röntgendetektoren des Wissenschaftsbereiches Angewandte Kernphysik der TU Dresden in Zusammenarbeit mit dem ZfK Rossendorf der Akademie der Wissenschaften der DDR vorgestellt werden. Der Prozeß der Neutronendotierung umfaßte vier Schritte:

- Messung der lateralen Widerstandsverteilung des p-Silizium-Ausgangsmaterials
- Bestrahlung mit thermischen Neutronen
- Ausheilung bei erhöhter Temperatur
- Messuug der lateralen Widerstandsverteilung des n-Siliziums und der Trägerlebensdauer.

Abb. 1 zeigt typische Widerstandsverteilungen von zwei verschiedenen p-Si-Materialien, die mit der Vierspitzenmethode gemessen wurden. Es ist ersichtlich, daß die Borverteilung des Materials A mit $N_B = (3{,}4 \pm 0{,}1) \cdot 10^{12}$ Atome/cm³ bedeutend homogener gegenüber der Borver-

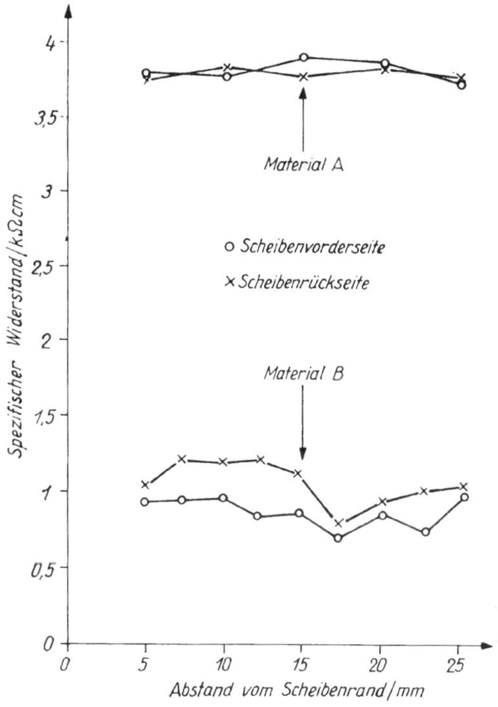

Abb. 1. Laterale Verteilung des spezifischen Widerstandes der p-Si-Materialien A und B

teilung des Materials B mit $N_B = (13{,}5 \pm 0{,}8) \cdot 10^{12}$ Atome/cm³ ist. Das Ziel, homogenes n-Silizium herzustellen, wird nur erreicht, wenn die absoluten Borverteilungsschwankungen kleiner sind als die gewünschte Ladungsträgerverteilung im n-Silizium. Für die Herstellung von sehr hochohmigen n-Siliziummaterialien mit Ladungsträgerkonzentrationen im Bereich von 10^{11} Atomen/cm³ ist somit nur das Material A geeignet. Bei größeren Schwankungen der Borverteilung (Material B) werden in hochohmigen n-Siliziumbereichen erhebliche Inhomogenitäten die elektrischen Eigenschaften des NTD-n-Siliziums verschlechtern.

Die Siliziumprobenscheiben von 1; 2; 2,5 und 5 mm Dicke wurden vor der Bestrahlung zur Beseitigung von Oberflächenverunreinigungen chemisch behandelt und im Forschungsreaktor RFR des ZfK Rossendorf bestrahlt. Die mittlere Neutronenflußdichte betrug $5 \cdot 10^{13}\ cm^{-2}\ s^{-1}$ im thermischen Neutronenbereich. Die Zahl der eingebauten P-Atome N_P erhält man aus der Gleichung

$$N_P = N_0 \cdot \sigma \cdot \varphi \cdot t \qquad (4)$$

mit

φ = Neutronenflußdichte,
σ = Wirkungsquerschnitt für die (n, γ)-Reaktion,
t = Bestrahlungszeit,
N_0 = Zahl der ^{30}Si-Atome.

Verwendet man bei Raumtemperatur die Beziehungen

$$N_{Donator} = \frac{4{,}9}{\varrho_n} \cdot 10^{15}\ cm^{-3} \qquad (5)$$

und

$$N_{Akzeptor} = \frac{1{,}3}{\varrho_p} \cdot 10^{16}\ cm^{-3} \qquad (6)$$

so erhält man mit Gleichung (4) die in Abb. 2 gezeigte Abhängigkeit der Leitfähigkeit ($\sigma_{n/p} = 1/\varrho_{n/p}$, wobei $\varrho_{n/p}$ der spezifische Widerstand des p-bzw. n-Siliziums ist) vom Produkt $\varphi \cdot t$. Für $\varrho_0 = 1\ k\ \Omega cm$ wurde dabei mit den Gleichungen (5) und (6) die Ladungsträgerkonzentration des jewei-

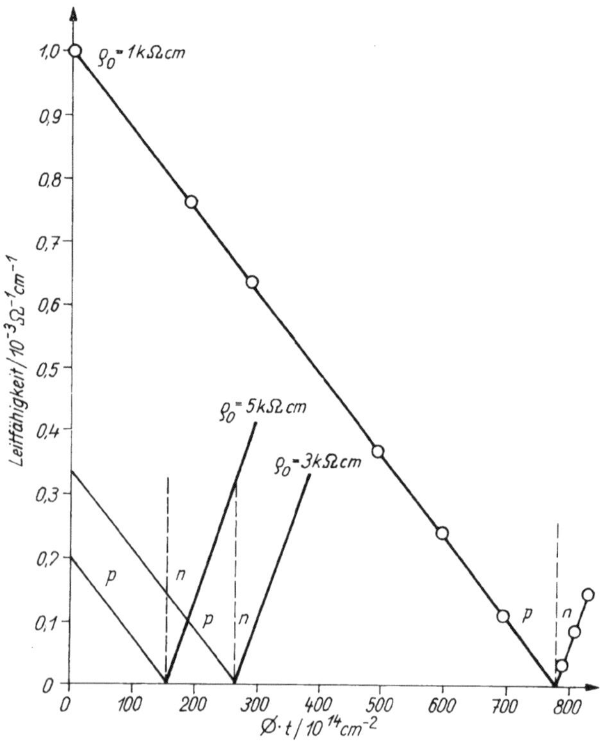

Abb. 2. Leitfähigkeitsänderung bei der Bestrahlung im Reaktor

ligen Leitungstyps berechnet und mit Hilfe der Gleichung (4) die neue Konzentration der Ladungsträger nach der Bestrahlung mit einem definierten Wert $\varphi \cdot t$ bestimmt. Bei anderen Ausgangswiderständen erhält man die jeweilige Gerade durch Parallelverschiebung. Der steile Anstieg im n-Si-Bereich in Abb. 2 verdeutlicht die Forderung einer genauen Bestimmung des Produkts $\varphi \cdot t$ während der Bestrahlung, um im hochohmigen Bereich reproduzierbare Si-Widerstandswerte zu erhalten.

Nach erneuter Oberflächenbehandlung wurden die Proben in Stickstoffatmosphäre bei erhöhter Temperatur (750 °C) 6 Stunden getempert. Die Minoritätsträgerlebensdauer lag nach der Ausheilung im Bereich von 10 bis 100 µs.

In Anbetracht der erstmaligen Bestrahlungsdotierung in den hochohmigen n-Si-Bereich sollten vorerst n-Si-Widerstände von 10 kΩcm eingestellt werden. Nach der entsprechenden Bestrahlung und Temperung konnten mit den Materialien *A* Widerstandswerte von 7 bis 10 kΩcm reproduzierbar eingestellt und ausgemessen werden. Die relativen Schwankungen

$$\varepsilon = \frac{\varrho_{\max} - \varrho_{\min}}{\varrho_{\min}} \cdot 100\%$$

betragen 5 bis 7%. Mit dem Material B war eine derartige Einstellung nicht möglich. Hier konnten maximal Widerstandswerte von 4 kΩcm n-Silizium reproduzierbar hergestellt werden. Derartige Werte sind für spektrometrische Anwendungen zu niedrig.

4. Herstellung der Detektoren

Die Untersuchung der spektrometrischen Eigenschaften von NTD-n-Si hatten das Ziel, die prinzipielle Verwendbarkeit dieses Materials für die Gamma- und Röntgenspektrometrie zu untersuchen. Die Herstellung der Detektorstrukturen erfolgte mit Hilfe der Ionenimplantation. Die prinzipielle Detektorstruktur ist in Abb. 3 schematisch dargestellt. Beim Anlegen einer Spannung an die Kontakte bereitet sich am p^+n-Übergang eine Raumladungszone als Verarmungszone an Ladungsträgern in das hochohmige n-Si-Gebiet aus und dient als Nachweiszone für die Quantenstrahlung. Im folgenden werden kurz die einzelnen technologischen Schritte angegeben:

a) chemische Behandlung der Scheiben
b) Ionenimplantation mit Bor und Phosphor (mittlere Eindringtiefen 0,16 µm bzw. 0,05 µm)
c) Temperung bei 750 °C, 30 min
d) Bedampfung: Golddicke ca. 500 Å; Aluminiumdicke ca. 1000 Å.

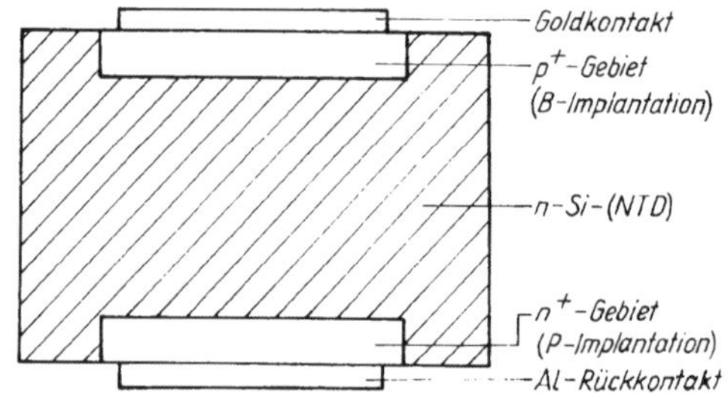

Abb. 3. Schematische Darstellung der Detektorstruktur

Die Kapazitätswerte der Detektoren betragen bei Raumtemperatur 7 – 20 pF bei Detektorspannungen von 200 bis 300 V. Diese Werte sind für die Erzielung von sehr rauscharmen Spektrometeranordnungen mit gekühltem Detektor und Feldeffekttransistor als erste Stufe des Vorverstärkers zu groß. Für prinzipielle Untersuchungen sind sie jedoch geeignet. Abb. 4 zeigt das Sperrstromverhalten der Detektoren bei Raumtemperatur. Die Detektoren zeigen bis zum Durchbruch gleiches oder besseres Sperrstromverhalten gegenüber Si(Li)-Detektoren bei Raumtemperatur. Bei $T = 77$ °K ist ein analoges Kennlinienverhalten zu beobachten. Die Sperrströme liegen dabei bis zur Durchbruchspannung (200 bis 300 V) unter 10^{-13} A. Abb. 5 zeigt das Spektrum, das mit einer ^{57}Co-Quelle bei $T = 77$ K registriert wurde. Eine Spannungserhöhung von 200 auf 300 V bewirkt eine Kapazitätsverkleinerung und damit eine Verbesserung des Energieauflösungsvermögens von 3,6 keV auf 2,7 keV. Die Ursache der Mehrfachpeakerscheinung ist noch nicht exakt aufgeklärt.

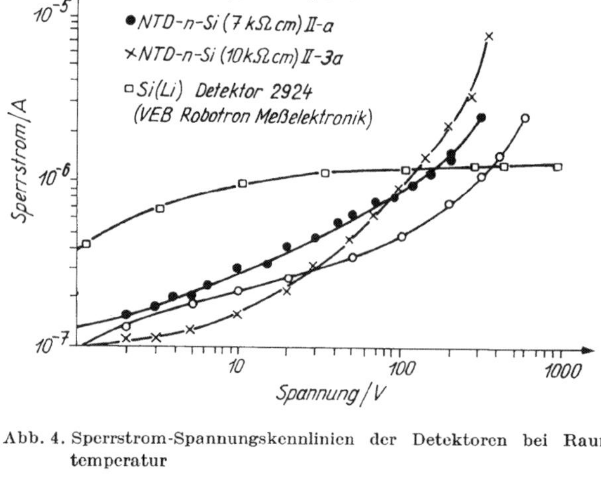

Abb. 4. Sperrstrom-Spannungskennlinien der Detektoren bei Raumtemperatur

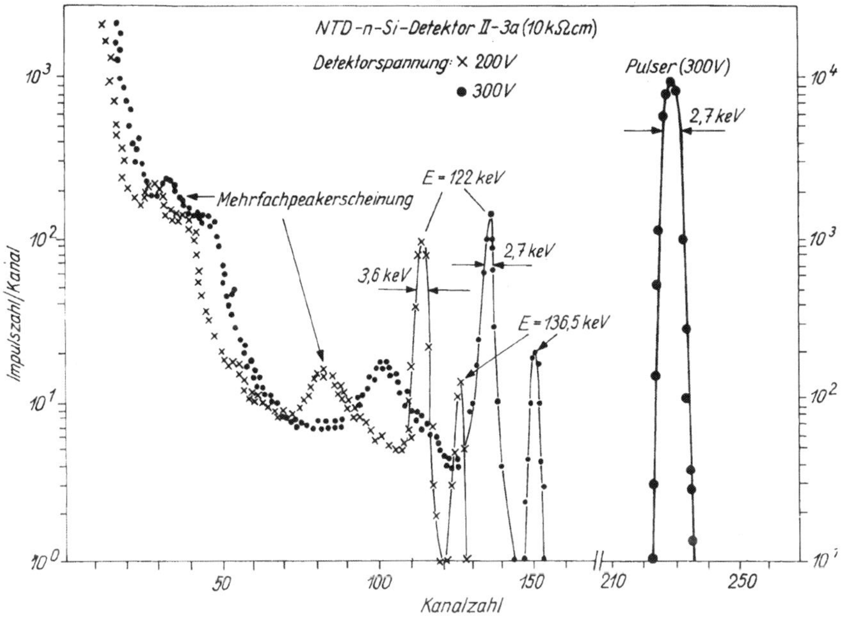

Abb. 5. Energiespektrum einer ^{57}Co-Quelle bei zwei verschiedenen Detektorspannungen

Unter Raumtemperatur wurde bei einer γ-Energie von 122 keV einer ^{57}Co-Quelle eine Gesamtenergieauflösung von rund 10 keV erreicht, wobei der elektrische Rauschbeitrag des Vorverstärkers dominierte.

5. Schlußfolgerungen

Die Ergebnisse dieser ersten Untersuchungen zeigen, daß neutronendotiertes n-Silizium für die Spektrometrie von Photonenstrahlung prinzipiell geeignet ist. Der Vorteil der Methode besteht in der Temperaturstabilität der hergestellten Strukturen (auch bei Raumtemperatur).

Die Problematik der Neutronenbestrahlung und die Ausheilung der Defekte müssen genauer untersucht werden, um größere Trägerlebensdauern (> 100 µs) zu erreichen. Das Energieauflösungsvermögen kann weiter verbessert werden, wenn die Kapazitätswerte der Detektoren durch den Einsatz noch hochohmigerer Materialien verringert werden. Die ausgemessenen Schwankungen der Widerstandsverteilung des p-Siliziums zeigt, daß Detektoren mit verbesserten spektrometrischen Eigenschaften aus den vorhandenen Ausgangsmaterialien hergestellt werden können. Die absoluten Schwankungen der Borverteilung von 1 bis $2 \cdot 10^{11}$ Atome/cm^3 ermöglichen theoretisch Widerstandswerte von 40 kΩcm für n-Silizium.

Der Autor möchte für die Unterstützung bei der Bearbeitung des Themas den Herren Dipl.-Phys. *U. Lorenz*, Dr. *A. Zetzsche* und Dr. *R. Roß**) sowie Prof. Dr. *G. Musiol* und Dr. *M. Schiekel***) seinen Dank aussprechen.

Eingegangen am 27. 12. 1979

* ZfK Rossendorf der Akademie der Wissenschaften der DDR

** TU Dresden, Sektion Physik Wissenschaftsbereich Angewandte Kernphysik

Literatur

[1] *J. Colemann, I. W. Rodgers*, IEEE Trans. nucl. sc., NS-11, No. 3, 1964, 213

[2] *A. H. F. Muggleton*, Journal of Physics E: Sc. Instr. 5 (1972) 390

[3] *J. Messier*, IEEE Trans. nucl. sc., NS-11, No. 3, 1964, 276

[4] *H. Herzer*, Semiconductor Silicon, Princeton: The Electroch. Society, 1977, 106

[5] *C. Kim, H. Kim*, IEEE Trans. nucl. sc., NS-26, No. 1, 1979, 292

[6] *H. W. Kraner*, BNL 5-3-79, „High resistivity silicon X-ray spectrometer", 1979

[7] *J. R. Sour*, IEEE Trans. nucl. sc., 19, 1972, 362

[8] *Th. Geßner*, Diplomarbeit, TU Dresden, Sektion Physik, 1979

Erstellung von Quenchkorrekturkurven für die Flüssigszintillationsspektrometrie ^{14}C-haltiger biologischer Proben

A. Engelmann, G. Reinhard

(Technische Universität Dresden, Sektion Chemie, Wissenschaftsbereich Elektrochemie)[1]

Soll unterschiedliches biologisches ^{14}C-Material im LS-Spektrometer gemessen und hinsichtlich seiner spezifischen Radioaktivität untereinander verglichen werden, dann ergibt sich mit der Anwendung der herkömmlichen Methode zur Erstellung der Quenchkorrekturkurven ein erheblicher Aufwand. Am Beispiel von 20 verschiedenen Probenarten, die durch ein $HClO_4/H_2O_2$-Gemisch aufgeschlossen wurden, konnte jedoch nachgewiesen werden, daß unabhängig vom Probenmaterial eine einheitliche Quenchkurve, die durch die externe Standardkanalverhältnis-Methode zugänglich ist, Gültigkeit besitzt. Obwohl Farb- und chemische Quencher im allgemeinen unterschiedliche Korrekturkurven ergeben, läßt sich bei der Präparation der speziellen Quenchreihen das biologische Material durch den rein chemischen Quencher CCl_4 ersetzen. Dadurch reduziert sich der Aufwand für die Standardisierung wesentlich.

(B11; E41) INIS DESCRIPTORS:

blood; carbon 14 compounds; chemical preparation; hydrogen peroxide; liquid scintillation detectors; liver; organs; perchloric acid; scintillation quenching; tetrachloromethane; tissues

1. Einleitung

Relative Radioaktivitätsmessungen von Probengruppen mit dem LS-Spektrometer, die ohne Kenntnis der tatsächlichen, aber konstanten Meßausbeute erfolgen, erfordern gleiche meßtechnische Bedingungen und einen exakt übereinstimmenden Meßgläscheninhalt. Die letztgenannte Bedingung ist vor allem bei biologischem Material besonders aufgrund unterschiedlicher Chemikalienchargen und Schwankungen in der Beschaffenheit des Meßgutes nur selten erfüllt. Daraus resultiert die Notwendigkeit einer Korrektur der unmittelbar zugänglichen Meßwerte vor dem direkten Vergleich untereinander, wozu wiederum in Parallelversuchen die Meßausbeute in Abhängigkeit vom Quenchgrad bestimmt werden muß.

Zur Ermittlung von Quenchkurven empfiehlt sich bekanntlich die externe Standardkanalverhältnismethode wegen ihres geringeren Aufwandes gegenüber der internen Standardisierung [1, 2]. Allerdings kann auch dabei der Arbeitsumfang bedeutend ansteigen, wenn eine Vielzahl unterschiedlichster Probenarten vorliegen. In diesem Fall müßte für jedes spezielle Meßsystem Nuklid/Probenart/Lösungsmittel/Zusätze eine Quenchreihe präpariert werden. Dazu werden aber jeweils mindestens 6 LS-Gläschen benötigt, die eine bekannte Radioaktivität im vorgesehenen Cocktail enthalten und dem Quencheinfluß steigender Mengen inaktiven Probenmaterials ausgesetzt werden. Das inaktive Meßgut kann bei geplanten Tierversuchen nur auf Kosten zusätzlichen Tiermaterials sowie mit einem Mehraufwand an Zeit für das Sezieren gewonnen werden. Außerdem sind in bestimmten Zeitabständen Wiederholungen der Arbeiten zur Standardisierung notwendig, da sonst der Einfluß neu angesetzter Cocktailchargen und die Gerätedrift des Spektrometers unberücksichtigt bliebe.

Die in der vorliegenden Arbeit beschriebenen Untersuchungen galten dem Ziel, den Aufwand bei der herkömmlichen Erstellung von Quenchreihen zu reduzieren. Dazu war zunächst die Entwicklung einer für das aus dem Tierversuch anfallende unterschiedliche biologische Material geeigneten einheitlichen Präparationsmethode erforderlich. Weiterhin war zu erfassen, ob steigende Mengen Meßgut unabhängig von der Probenart die gleiche Abhängigkeit der Meßausbeute vom Quenchgrad haben. Schließlich war von Interesse aufzuklären, ob das Erstellen von Quenchkurven für gefärbtes biologisches Material mit einem rein chemischen Quencher erfolgen kann, obwohl bekannt ist, daß chemische und Farb-Quencher im allgemeinen keine einheitliche Quenchkurve ergeben [3].

2. Experimenteller Teil

2.1. *Präparationsmethode für das Tiermaterial*

Zur Präparation des verschiedenartigsten Tiermaterials (Fett, Haut, Leber, Muskel, Vormagen, Drüsenmagen, Pankreas, Dünndarm, Niere, Nebenniere, Thymus, Schilddrüse, Lunge, Herz, Milz, Ovar, Hoden, Uterus, Hirn, Hypophyse, Auge) für die LS-Messung erwies sich nach umfangreichen Voruntersuchungen [3] folgende Rezeptur als geeignet:

0,2 ml $HClO_4$, 60%ig
\+ max. 50 mg frisch sezierte Gewebe- oder Organprobe
\+ 0,2 ml H_2O_2, 30%ig
2 bis 3 Stunden bei 70 °C belassen, Abkühlen auf Raumtemperatur
\+ 15 ml Toluol-Methanol-Cocktail (6 g PPO pro Liter Toluol; Verhältnis Toluol/Methanol = 8:9)

2.2. *Bestimmung von Quenchkurven für verschiedenes Tiermaterial*

Zur Erstellung von Quenchkurven wurde die externe Standardkanalverhältnismethode angewandt. Dabei wird bekanntlich die Tatsache ausgenutzt, daß das Impulshöhenspektrum mit steigendem Quencheinfluß in den nieder-

[1]) Anschrift: DDR-8027 Dresden, Mommsenstr. 13

energetischen Bereich verschoben wird und die Meßausbeute in bestimmter Abhängigkeit davon abnimmt. Eine außerhalb des Meßgläschens angeordnete Standard γ-Quelle erzeugt im Szintillationssystem ein energetisch höherliegendes *Compton*-Elektronen-Standardspektrum, das im gleichen Maße wie das β-Probenspektrum einer Verschiebung infolge Quencheinfluß unterliegt.

Für die Aufnahme einer Quenchkurve $E = f(R)$ als der Abhängigkeit der Meßausbeute E vom Standardkanalverhältnis R werden gewöhnlich mehrere Eichproben bekannter ^{14}C-Radioaktivität mit steigenden Mengen Quenchsubstanz präpariert. Zur Messung von R wird vor und nach der eigentlichen Probenmessung eine statistisch ausreichende Impulsrate des externen Standards registriert, wodurch die Genauigkeit dieser Standardisierungsmethode unabhängig von der Radioaktivität der Probe wird.

In dieser Weise erfolgte auch die Ermittlung des Quenchverhaltens des interessierenden biologischen Materials. Dazu wurden bis zu 50 mg steigende Mengen eines jeden Probenmaterials (inaktiv) nach der genannten Vorschrift präpariert, wobei der LS-Cocktail stets mit der gleichen, bekannten ^{14}C-Radioaktivität versetzt war. Als LS-Spektrometer stand ein Gerät WALLAC 81000 (LKB/Schweden) zur Verfügung, das für die Anwendung der externen Standardkanalverhältnismethode mit einer ^{226}Ra-γ-Quelle und zwei fixierten Standardisierungskanälen ausgerüstet ist.

2.3. Bestimmung der Quenchkurve für CCl_4

Für den rein chemischen Quencher Tetrachlormethan erfolgte die Ermittlung der Quenchkurve mit dem kommerziell verfügbaren HAT-TRICK® (LKB) [4]. Dabei ist lediglich ein Meßgläschen erforderlich. Der mit 200 μl CCl_4 gefüllte Teflon-HAT wurde dazu so in den Hals des Meßgläschens eingehängt, daß der sich verstärkende Quencheinfluß des über ein Papierfähnchen in den Cocktail diffundierenden CCl_4 durch wiederholte Messung der Probe (^{14}C-Präparat im Cocktail) im LSC-Gerät erfaßt werden konnte.

Zur Anwendung des HAT-TRICK kamen stets einheitlich 17 ml der gleichen Cocktailcharge zum Einsatz. Als biologisches Quenchmaterial wurden Blut (0 ... 0,2 ml) und Leber (0 ... 50 mg) untersucht.

3. Ergebnis und Diskussion

Aus den Meßergebnissen (R; E) der mit verschiedenem Tiermaterial aufgestellten Quenchreihen ergibt sich die in Abb. 1 dargestellte, graphisch gemittelte Quenchkurve. Dabei liegt die maximale Abweichung der einzelnen Meßpunkte in der Größenordnung von (60 bis 70 ± 1)% Meßausbeute für ^{14}C bei der Meßkanaleinstellung CH 3 ... 22. Nach Anwendung der Naß-Oxydation mit $HClO_4/H_2O_2$ ist offensichtlich die Konsistenz des Meßgläschen-Inhaltes unabhängig von der Art des aufgeschlossenen Tiermaterials gleich, so daß der Quencheffekt durch eine einheitliche Quenchkurve beschrieben wird.

Stellt man die für die Systeme Blut (0 ... 0,2 ml)/$HClO_4$, H_2O_2/17 ml LS-Cocktail bzw. Leber (0 ... 50 mg)/$HClO_4$, H_2O_2/17 ml LS-Cocktail herkömmlich ermittelten Quenchkurven denen gegenüber, die sich für CCl_4 nach dem HAT-TRICK bei reinem LS-Cocktail, in dem mit Aufschluß- und Bleichmittel versehenen Cocktail bzw. bei den mit 50 μl Blut oder 10 mg Leber mit $HClO_4$, H_2O_2 versetzten LS-

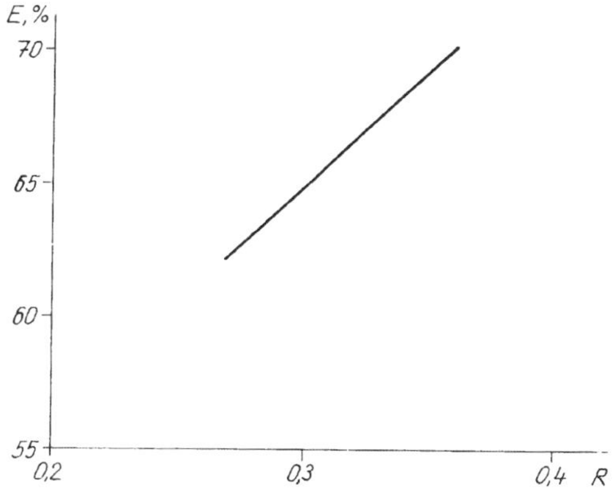

Abb. 1. Quenchkurve für den ^{14}C-Nachweis im Meßsystem Gewebe $HClO_4$, H_2O_2/Toluol-Methanol-Cocktail (15 ml)

RA: 34904 dpm ± 1% pro Meßprobe; 2s: max ± 0,5%; CH: 3 ... 22

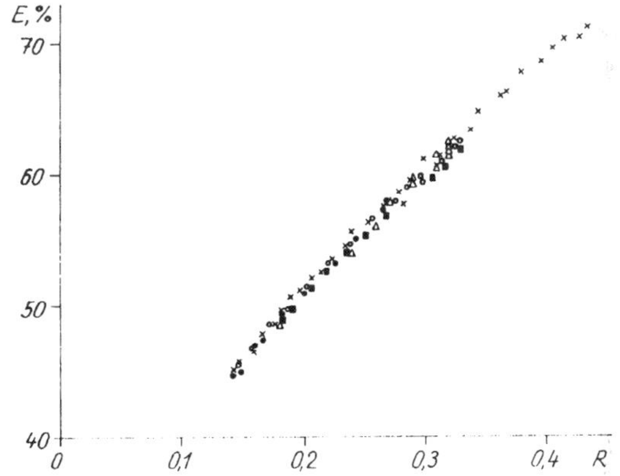

Abb. 2. Vergleich herkömmlich bestimmter Quenchkurven mit CCl_4-Quenchkurven für das Meßsystem ^{14}C-Probe/$HClO_4$, H_2O_2/Toluol-Methanol-Cocktail (17 ml)

RA: 129448 dpm ± 0,2% pro Meßprobe, herkömmlich bestimmte Quenchkurven für: △ – 0 ... 0,2 ml Blut; ▲ – 0 ... 50 mg Leber
CCl_4-Quenchkurven (HAT-TRICK): × – CCl_4/Cocktail; ○ – CCl_4/$HClO_4$, H_2O_2/Cocktail; ● – CCl_4/50 μl Blut/$HClO_4$, H_2O_2/Cocktail; ■ – CCl_4/10 mg Leber/$HClO_4$, H_2O_2/Cocktail

Cocktail ergeben, so beobachtet man ebenfalls eine weitgehende Übereinstimmung (vgl. Abb. 2). Obwohl Farb- und chemische Quencher bei steigendem Quenchgrad ($R < 0,6$) gewöhnlich voneinander zunehmend abspreizende Quenchkurven ergeben, ist im vorliegenden Fall der Quencheffekt des präparierten biologischen Materials im untersuchten Mengenanteil stets gleich dem des rein chemischen Quenchers Tetrachlormethan. Das ist offensichtlich darauf zurückzuführen, daß das aufgeschlossene biologische Material durch das zugegebene Bleichmittel H_2O_2 weitestgehend entfärbt wird und der Quencheffekt nur noch chemischer Natur ist.

Für den Anwender der LS-Methode vereinfacht sich bei Untersuchungen an unterschiedlichstem Tiermaterial demzufolge die Technik zur Ermittlung der Quenchkorrekturkurve wesentlich, da bei Präparation des biologischen Materials mit $HClO_4$ und H_2O_2 eine einheitliche Quenchkurve resultiert, die auch der des CCl_4 entspricht. Dadurch können die herkömmlichen Quenchreihen einfach durch steigende Mengen CCl_4 ersetzt werden. Die Anwendung des HAT-TRICK® gewährleistet dabei eine weitere Minimierung des Aufwandes für die Standardisierung bei gleichzeitig erhöhter Präzision.

Abschließend danken die Autoren Herrn Ing. *U. Joram*, VEB Arzneimittelwerk Dresden, Außenstelle Graupa, für seine wertvolle Unterstützung bei den experimentellen Arbeiten.

Eingegangen am 3. 1. 1980

Literatur

[1] *C. H. Wang, D. L. Willis*, Radiotracer Methodology in Biological Science, Prentice-Hall, Inc., New Jersey 1965
[2] *H. Simon*, Messung von radioaktiven und stabilen Isotopen, Springer-Verlag, Berlin, Heidelberg, New York, 1974
[3] *A. Engelmann*, Dissertation A, TU Dresden, Sektion Chemie, 1980
[4] *M. A. Reunanen, E. J. Soini*, in: *M. A. Crook, P. Johnson* (ed.), Proc. Symp. 1973, Liquid Scintillation Counting, Vol. 3, Heyden, London 1974, p. 86

Anwendungen der Indikatoranalyse mit radioaktiven Tracern in der Verfahrenstechnik

R. Otto, P. Hecht

(Zentralinstitut für Isotopen- und Strahlenforschung der Akademie der Wissenschaften der DDR)[1]

Es wird über die Anwendung der Indikatoranalyse mit radioaktiven Tracern zur Lösung unterschiedlicher Probleme in der chemischen und artverwandten Industrie berichtet. Die Untersuchung von Misch- und Mahlvorgängen, die Ermittlung von Mitreißeffekten beim Verdampfen einer Flüssigkeit sowie von Abdampfverlusten eines Feststoffs beim Sinterprozeß, Untersuchungen zur Verteilung einer flüssigen Phase in einem Feststoff und die Bestimmung des Umsetzungsgrades einer chemischen Reaktion werden beschrieben.

(D24; B12) INIS DESCRIPTORS:

adsorption; bentonite; calcium carbides; carbon 14 compounds; chemical industry; chemical reaction yield; coke; drag; engineering; evaporation; ferrites; grinding; labelled compounds; mixing; paper; phenol; sand; sintering; sodium 24; solutions; surfaces; technetium 99; tracer techniques; zinc 65; zinc oxides

Einleitung

Die Mehrzahl der in der Literatur vorliegenden Arbeiten zum Einsatz radioaktiver Tracer in der chemischen und artverwandten Industrie beziehen sich auf die Untersuchung des Verweilzeitverhaltens sowie die Bestimmung der Strömungsgeschwindigkeit unterschiedlicher Phasen in offenen und geschlossenen Apparaturen. Auch in Übersichtsartikeln zur industriellen Anwendung der Radiotracertechnik [1, 2] nimmt diese Fragestellung den breitesten Raum ein, während die Möglichkeiten der klassischen Form der Indikatormethode, nämlich die Indikatoranalyse, entsprechend ihrer Bedeutung i. allg. nicht genügend Erwähnung findet. Die Indikatoranalyse gestattet die Bestimmung auch sehr geringer Massen eines Stoffes ohne dessen vorherige Abtrennung von begleitenden Komponenten, wenn man diesen in radioaktiv markierter Form mit bekannter spezifischer Aktivität (Aktivität/Masseneinheit) dem System vor Beginn der Untersuchung zusetzt und dafür sorgt, daß während des Prozesses keine Änderung der spezifischen Aktivität durch Verdünnung mit demselben nichtmarkierten Stoff stattfinden kann. Bestimmt man die Aktivität einer Probe während oder nach dem Prozeß, so erhält man daraus die darin enthaltene Masse der interessierenden (markierten) Substanz. Die Markierung kann isotop oder nichtisotop erfolgen. Bei der isotopen Markierung wird das natürliche Verhältnis der Isotope eines Elements des zu markierenden Stoffes zugunsten eines radioaktiven Isotops verschoben. Diese Art der Markierung ist zur Lösung vieler stoffspezifischer Probleme Voraussetzung. Für viele Anwendungen der Tracermethode in der Technik ist eine chemische Identität des radioaktiven Indikators mit dem markierten Stoff nicht erforderlich. In solchen Fällen genügt die nichtisotope Markierung: Dem zu markierenden System wird eine radioaktive Substanz zugegeben (bei der Markierung von Flüssigkeiten oder Gasen) oder auf einer festen Komponente desselben fixiert. Im ersteren Fall sollen insbesondere die physikalischen Eigenschaften des Tracers und des zu untersuchenden Stoffes möglichst wenig voneinander abweichen. Bei der Markierung von Feststoffen ist zu berücksichtigen, daß der Tracer durch mechanische Beanspruchungen von der Oberfläche abgelöst werden kann.

[1]) 7050 Leipzig, Permoser Straße 15

Beispiele durchgeführter Untersuchungen

1. *Untersuchung von Mischungen*

Untersuchungen zur Homogenität von Festkörpermischungen beruhen bekanntlich auf der Bestimmung der Zusammensetzung einer beliebigen Anzahl Proben, die dem Mischgut entnommen werden. Die Streuung der Zusammensetzung um den Mittelwert ist ein Maß für die Güte der Mischung. Markiert man diejenige Komponente des Mischgutes radioaktiv, deren Konzentration in den Proben bestimmt werden soll, dann ist die auf die Probenmasse bezogene Aktivität proportional dem in der Probe vorliegenden Massenanteil der markierten Komponente. Der Mischungsgrad wird im allgemeinen durch den Variationskoeffizienten V der Konzentration aus der Beziehung

$$M = (1 - V)\,100\% \tag{1}$$

berechnet. Der Variationskoeffizient ergibt sich bei der Anwendung der Radiotracermethode aus

$$V = \sqrt{\frac{\sum_{i=1}^{n} (S_i - \bar{S})^2}{(n-1)\,\bar{S}^2}} \tag{2}$$

S_i = spezifische Zählrate der i-ten Probe, Imp. $min^{-1}\,g^{-1}$
$\bar{S}$ = arithmetrischer Mittelwert der spezifischen Zählrate (Imp. $min^{-1}\,g^{-1}$) von n Proben
n = Umfang der Stichprobe

Die optimale Mischzeit liegt dann vor, wenn der Mischungsgrad einen gleichbleibenden Wert erreicht.

Die Eigenschaften des in Gießereien verwendeten Formstoffs aus unterschiedlichen Masseanteilen Quarzsand, Bentonit, Kohlenstaub und Wasser werden insbesondere durch die im Mischer (1,5 t Fassungsvermögen) erreichte Verteilung des Bentonits bestimmt. Die optimale Mischzeit und die erreichte Homogenität lassen sich in einfacher Weise durch Adsorptionsmarkierung des Bentonits mit Natrium-24-Chlorid ermitteln. Es konnte gezeigt werden, daß die Verteilung des Bentonits bereits nach 7,5 Minuten Mischdauer, vorgeschrieben waren 15 Minuten, abgeschlossen ist, wobei sich für den nach Gl. (1) definierten Mischungsgrad 95% ergaben ($n = 20$, Probenmasse 10 g). Da ein Teil des Formstoffes mit den Gußteilen aus dem Formstoffkreislauf ausscheidet, muß ständig Neusand zugeführt werden, was durch Vermengen desselben mit Formsand aus dem im Kreislauf befindlichen erfolgt. Der zeitliche Verlauf dieses Mischvorgangs, den man bei Einsatz markierten Neusands erhält, ist aus Abb. 1 ersichtlich.

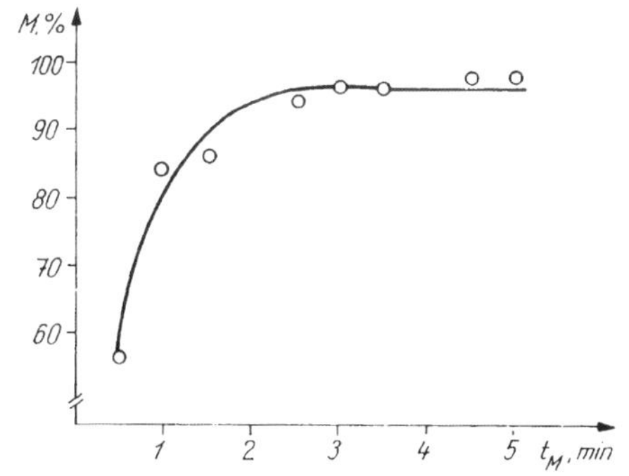

Abb. 1. Mischungsverlauf beim Vermengen von Alt- und Neusand

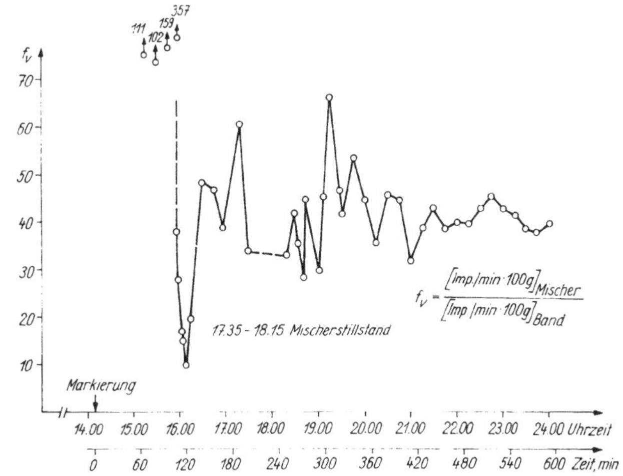

Abb. 2. Verdünnungsfaktor als Funktion der Umlaufzeit

Zur Untersuchung des Mischverhaltens des gesamten Formstoffsystems wurde eine so markierte Charge (1,5 t) in den Kreislauf eingespeist. Dem in einem Zyklus von ca. 150 Minuten umlaufenden Formstoff (ca. 250 t) entnahm man in zeitlichen Abständen Proben, deren spezifische Zählrate verglichen mit der des Formstoffs im Mischer ein Maß für den Mischeffekt des Systems darstellt. Aus Abb. 2 ist ersichtlich, daß sich etwa 7,5 Stunden nach der Entleerung des Mischers ein Verdünnungsfaktor von 40 eingestellt hat, der sich innerhalb des untersuchten Zeitraumes kaum noch ändert. Daraus ergibt sich, daß der „aufgefrischte" Formsand nur mit etwa 25% der umlaufenden Formstoffmenge vermischt worden war.

2. *Untersuchung von Mahlvorgängen*

Die Untersuchung von Mahlvorgängen kann in einfacher Weise mit Hilfe der Radiotracertechnik erfolgen. Adsorbiert man ein geeignetes Radionuklid an dem zerkleinerten Material, so besteht ein Zusammenhang zwischen der erreichten spezifischen Oberfläche, als Maß für die Effektivität des Mahlvorgangs, und der adsorbierten Aktivität (s. Abb. 3). Das pulverförmige Material wird unter definierten Bedingungen mit der radionuklidhaltigen Lösung bis zur Einstellung des Adsorptionsgleichgewichtes belassen. Die flüssige und die feste Phase werden voneinander getrennt, und man bestimmt die adsorbierte Aktivität der festen Phase direkt oder über die Restaktivität der flüssigen Phase.

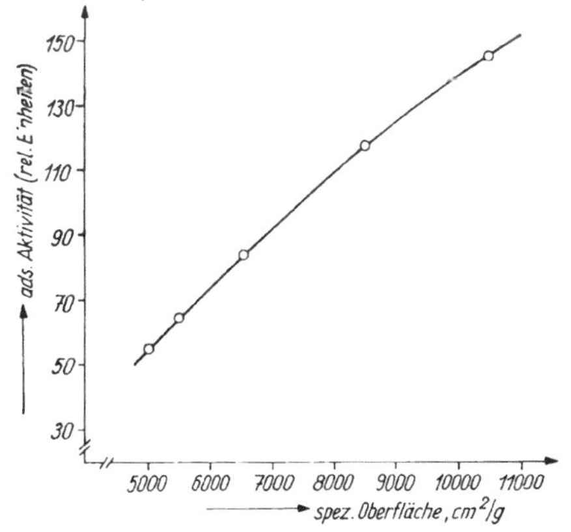

Abb. 3. Adsorbierte ^{65}Zn-Aktivität als Funktion der spezifischen Oberfläche (n. *Blaine*-Test) für Ferritglattscherben

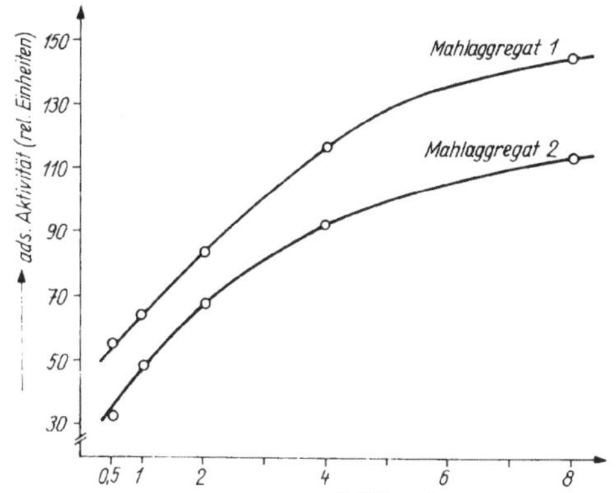

Abb. 4. Adsorbierte ^{65}Zn-Aktivität als Funktion der Mahldauer

Für die vergleichende Untersuchung der Effektivität zweier Mahlaggregate zur Zerkleinerung von Ferritglattscherben wurden jeweils 3 Gramm dem Aggregat nach vorgegebener Mahldauer entnommen und 20 Stunden mit einer ^{65}Zn-haltigen wäßrigen Lösung geschüttelt; danach wurde abzentrifugiert und gewaschen, und anschließend ermittelte man die Zählraten von 2 Gramm des getrockneten Produkts.

Die mit den beiden unterschiedlichen Mahlaggregaten erreichten Zerkleinerungseffekte werden aus der Abb. 4 deutlich. Nach einem Anstieg der adsorbierten Aktivität mit der Mahldauer wird ein Grenzwert erreicht, der der mit dem jeweiligen Aggregat maximal möglichen Zerkleinerung entspricht, wobei mit dem Aggregat 1 ein signifikant höherer Mahleffekt erreicht wird.

3. *Untersuchung von Mitreißeffekten*

Beim Verdampfen einer flüssigen Phase treten häufig durch Mitreißeffekte Flüssigkeitströpfchen in der Gasphase auf, was zu Störungen im Betriebsablauf führen kann.

Der Nachweis von mitgerissenem Einsatzprodukt im Dampfstrom und somit auch die Wirksamkeit von Abscheidern kann leicht mit Hilfe der Radiotracertechnik ermittelt werden, was an einer Anlage zur selektiven Hydrierung von Phenol und an einer Phenolteerspaltanlage gezeigt werden soll.

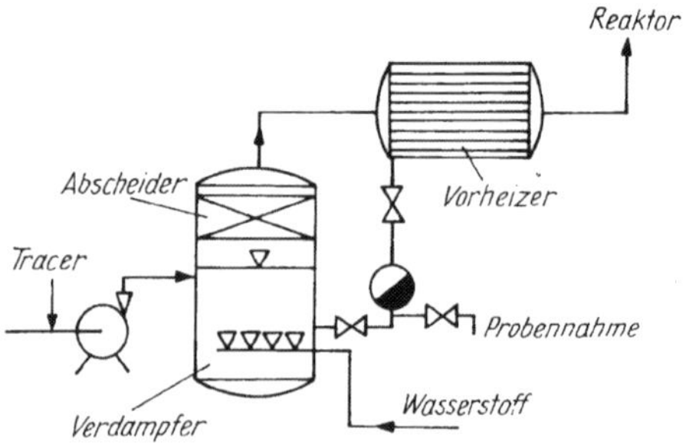

Abb. 5. Verdampfer zur Phenolhydrierung

In der Anlage zur Hydrierung wird Phenol kontinuierlich einem Verdampfer zugeführt und bei erhöhter Temperatur von durchströmendem Wasser ausgetragen (s. Abb. 5). Das austretende Phenoldampf-Wasserstoffgemisch wird in einem Produktvorheizer anschließend auf die Reaktionstemperatur gebracht. Trotz der im oberen Teil des Verdampfers befindlichen Schicht aus Faltenkörpern, die mitgerissene Phenoltröpfchen zurückhalten sollen, tritt im Produktvorheizer Phenolkondensat auf. Da eine Nachverdampfung an dieser Stelle nicht möglich ist, muß das flüssige Produkt in den Verdampfer zurückgeführt werden, um Störungen im Betriebsablauf zu vermeiden. Um durch geeignete Maßnahmen das Auftreten von Phenolkondensat überhaupt zu unterbinden, war zu untersuchen, ob die in dem Produktvorheizer unerwünschte Phenolabscheidung durch Kondensation in der isolierten Rohrleitung zum Vorheizer oder durch ungenügende Wirkung des Abscheiders verursacht wird.

In der Phenolteerspaltanlage (s. Abb. 6) wird Phenylcumen in Gegenwart von Schwefelsäure zu Phenol und Cumen gespalten. Bei der Reaktion überspritzende Phenolsulfonsäure und Schwefelsäure verursachen in der nachfolgenden Kolonne eine Rückbildung des Ausgangsproduktes, was zu Ausbeuteverlusten führt.

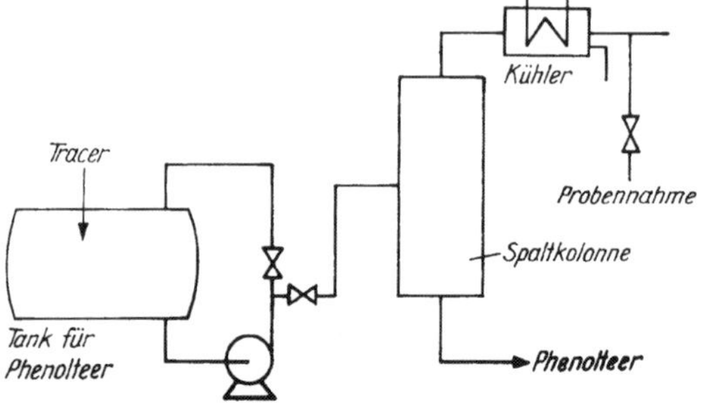

Abb. 6. Phenolteerspaltanlage

Die Untersuchung solcher Mitreißeffekte kann nach zwei Methoden erfolgen: Man markiert das Einsatzprodukt durch Zugabe eines nichtverdampfenden, löslichen radioaktiven Tracers und nimmt danach Aktivitätsmessungen an Proben des Kondensats und des Einsatzproduktes vor, oder es werden die Proben des Kondensats nach vorheriger Zugabe einer geeigneten inaktiven Verbindung zum Einsatzprodukt mit Neutronen aktiviert. Hier soll nur die Anwendung der erstgenannten Methode beschrieben werden.

Eine wäßrig-phenolische Lösung von Natrium-24-Chlorid wurde zusammen mit dem Einsatzprodukt in den Verdampfer der Anlage zur Phenolhydrierung bzw. direkt in den Vorratstank der Phenolteerspaltanlage gebracht.

Die Vollständigkeit der Vermischung des Tracers untersuchte man in beiden Fällen durch die Messung der Zählraten von in zeitlichen Abständen dem Einsatzprodukt entnommenen Proben. Die sich einstellende Zählrate des Einsatzproduktes diente als Bezugsgröße für die Berechnung des Anteils an mitgerissenem Produkt im Kondensat.

Der Anteil an mitgerissenem Einsatzprodukt im Kondensat ergibt sich aus dem Verhältnis der spez. Zählraten von Kondensat S_K [Imp. min^{-1} g^{-1}] und Einsatzprodukt S_E [Imp. min^{-1} g^{-1}]:

$$G = \frac{S_K}{S_E} \cdot 100\% \qquad (3)$$

Die kleinste Zählrate z_u, die mit einer statistischen Sicherheit von 99,73% noch von dem Nulleffekt z_0 unterschieden werden kann, wird als Nachweisgrenze angenommen:

$$z_u = z_0 + 3\sigma_{z_0} \qquad (4)$$

Bei der Anlage zur selektiven Hydrierung von Phenol wurde der normale Betriebszustand untersucht und der Anfahrzustand, bei dem insbesondere durch das Zuschalten von Wasserstoff ein Mitreißen von Phenoltröpfchen erwartet wurde. Bei der Phenolteerspaltanlage untersuchte man neben diesen beiden Zuständen auch eine Fahrweise bei erhöhter Belastung.

Tab. 1. Anlage zur selektiven Hydrierung von Phenol

Anfahrzustand S_E = 15191 Imp. min^{-1} g^{-1}			Betriebszustand S_E = 23143 Imp. min^{-1} g^{-1}		
Probe Nr.	S_K Imp. min^{-1} g^{-1}	G %	Probe Nr.	S_K Imp. min^{-1} g^{-1}	G %
8	57	0,4	2	14	—
9	41	—	3	7	—
10	35	—	4	15	—
11	17	—	5	36	—
12	11	—			
13	15	—			
$3\sigma_{z_0}$ = 46 Imp. min^{-1}			$3\sigma_{z_0}$ = 51 Imp. min^{-1}		

Wie aus Tab. 1 zu entnehmen ist, in der die Versuchsergebnisse der Anlage zur selektiven Hydrierung enthalten sind, liegt nur der Wert der Probe Nr. 8 oberhalb der dreifachen Standardabweichung des Nulleffektes. Das bedeutet, daß lediglich zu Beginn des Anfahrzustandes ein geringer Mitreißeffekt von 0,4% signifikant nachweisbar ist. Das Auftreten von Kondensat im Produktvorheizer ist somit eindeutig auf die Taupunktunterschreitung des Gasgemisches in der Verbindungsleitung zurückzuführen. Diese Ursache konnte durch eine zusätzliche Beheizung und entsprechende Isolierung beseitigt werden. Die Untersuchun-

Tab. 2. Anlage zur Phenolteerspaltung

Anfahrzustand $S_E = 13563$ Imp. min^{-1} g^{-1}			Betriebszustand $S_E = 13563$ Imp. min^{-1} g^{-1}					
			400 kg/h			800 kg/h		
Probe Nr.	S_K Imp. min^{-1} g^{-1}	G %	Probe Nr.	S_K Imp. min^{-1} g^{-1}	G %	Probe Nr.	S_K Imp. min^{-1} g^{-1}	G %
4	14	—	14	22	0,2	21	24	0,2
5	26	0,2	16	36	0,3	22	7	—
6	32	0,2	17	32	0,2	23	10	—
7	20	0,1	18	31	0,2	24	17	—
8	21	0,1	19	25	0,2	25	31	0,2
9	50	0,4						
10	21	0,1						
$33\sigma_{z_0} = 20$ Imp. min^{-1}			$3\sigma_{z_0} = 20$ Imp. min^{-1}					

gen haben gezeigt, daß die Wirksamkeit des Abscheiders ausreichend war und dessen ursprünglich vorgesehene kostenaufwendige apparative Veränderung entfallen konnte.

Die Werte in Tab. 2, in der die Versuchsergebnisse aus der Anlage zur Phenolteerspaltung zusammengefaßt sind, lassen erkennen, daß sowohl während des Anfahrzustandes der Anlage als auch während des üblichen Betriebszustandes nur 0,1 ... 0,4% des Einsatzproduktes bei der Verdampfung des Phenols mitgerissen werden, was den zusätzlichen Einbau von Abscheidern nicht rechtfertigt.

Die angeführten Beispiele zeigen, daß es mit Hilfe der Radiotracertechnik leicht möglich ist, die Wirksamkeit von Abscheidern zur Abtrennung mitgerissener Flüssigkeitströpfchen aus der Dampfphase zu ermitteln und gegebenenfalls notwendige apparative Veränderungen daraus abzuleiten.

4. *Bestimmung von Abdampfungsverlusten*

Die Kenntnis der Abdampfung von einzelnen Komponenten aus einem Werkstoff im Verlauf einer Wärmebehandlung z. B. beim Sinterprozeß ist von entscheidender Bedeutung für die Beurteilung der Gebrauchseigenschaften der Halb- und Fertigfabrikate. Da häufig nur sehr geringe Mengen aus sehr dünnen Oberflächenschichten abdampfen, eignet sich die Radioindikatoranalyse mit ihrer hohen Nachweisempfindlichkeit für solche Bestimmungen ebenfalls sehr gut: Es wurden Werkstoffproben hergestellt, die die Komponente in radioaktiv markierter Form enthalten, deren Abdampfung ermittelt werden soll. Durch Vergleich der Zählraten von Oberflächenschichten mit den Zählraten von Eichproben, die eine bekannte Menge der radioaktivmarkierten Komponente enthalten, erhält man die in der betreffenden Oberflächenschicht enthaltene Menge dieser Komponente.

Ein solches radiometrisches Bestimmungsverfahren wurde zur Ermittlung der ZnO-Abdampfung aus Sinterwerkstoffen erarbeitet und für Serienanalysen angewendet. ^{65}Zn-markierte Proben wurden hergestellt, diese bei verschiedenen Bedingungen gesintert und dünne Oberflächenschichten von den Proben durch Reiben auf Schleifpapier abgetragen. Das Schleifen erfolgte in der Weise, daß der Abrieb möglichst gleichmäßig auf einer Kreisfläche von 2,5 cm Durchmesser auf dem Sandpapier verteilt war. Die Menge des Abriebs (ca. 5 mg) bestimmte man durch Wägen der Probe vor und nach dem Schleifen. Der Abrieb wurde durch Überkleben mit Selbstklebefolie auf dem Schleifpapier fixiert und das eigentliche Meßpräparat mit einem Durchmesser von 3,5 cm ausgestanzt. Bei den Eichproben wurde das für die Herstellung des Werkstoffes benutzte radioaktiv markierte ZnO als Pulver aufgetragen und fixiert.

Die Berechnung des ZnO-Verlustes pro cm² Oberfläche erfolgt nach der Gleichung

$$\frac{(\bar{S}_2 - S_1) \cdot m}{S_3 \cdot b} = a \text{ mg/cm}^2 \qquad (5)$$

$\bar{S}_2$: mittlere spezifische Zählrate der nicht vom Abdampfen betroffenen Oberflächenschichten, Imp./min · mg
S_1: spez. Zählrate der vom Abdampfen betroffenen Oberflächenschichten
S_3: spez. Zählrate der markierten Komponente (Eichprobe)
m: abgeriebene Probenmenge, mg
b: Oberfläche der Materialprobe, cm²

Die Leistungsfähigkeit des Verfahrens wird in Tab. 3 gezeigt.

Tab. 3. Abdampfung von ZnO einer Werkstoffprobe beim Sinterprozeß
$b = 1{,}93$ cm²; $S_3 = 15912$ Imp./min · mg

Abrieb in mg	spez. Zählrate S des Abriebs in Imp./min · mg		Abdampfung a in mg/cm²	Schichtdicke in µm
5,0	1754	S_1	0,064	5,4
6,0	1860		0,056	6,4
6,2	1927		0,045	6,6
5,8	2004		0,027	6,2
5,4	2095		0,009	5,8
5,8	2153	S_2; $\bar{S}_2 = 2149$	—	Σ 30,4
6,0	2176		—	
6,1	2132		—	
5,6	2160		—	
5,3	2121		—	
5,2	2144		—	
5,9	2159		—	

Im vorliegenden Fall wurde insgesamt eine Schicht von 30,4 µm von der Abdampfung betroffen. Die bei den Analysen ermittelten und von einer Abdampfung betroffenen Schichtdicken lagen zwischen 5 und 35 µm. Die abgedampften Mengen betrugen 0,02 ... 0,20 mg pro cm² Werkstoffoberfläche; das entsprach einer Abdampfung von 1 ... 10% des ursprünglich in der Probe enthaltenen ZnO. Der Analysenfehler beträgt ±10%.

5. *Untersuchungen zur Verteilung einer flüssigen Phase*

Das folgende Beispiel soll zeigen, daß man mit geringem Aufwand extrem kleine Flüssigkeitsmengen und deren Verteilung bestimmen kann. Im Rahmen von Untersuchungen zur Weiterentwicklung und Verbesserung eines Druckverfahrens war es notwendig, die Verteilung der beim Drukken verwendeten Anfeuchterlösung auf den bedruckten Bögen zu kennen. Die Verwendung herkömmlicher Tracer in einer der zur Bestimmung von maximal 1,5 g/cm² notwendigen Konzentration hätte die Eigenschaften der Anfeuchterlösung wesentlich verändert. Deshalb markierte man die Lösung mit einem radioaktiven Tracer. Zu 1,5 l wurde Technetium-99*m* (erhältlich aus einem Radionuklidgenerator) gegeben. Nach dem Drucken von 5000 Bögen wurden an den interessierenden Positionen Proben ausgestanzt, aus deren gemessenen Zählraten und der Zählrate einer Eichprobe sich ergab, daß je nach Schwärzung des bedruckten Bogens zwischen 0,010 und 0,150 µl Anfeuchterlösung pro cm² durch den Druckvorgang auf das Papier übertragen wurde.

6. *Bestimmung des Umsetzungsgrades*

Bei den vorstehend beschriebenen Beispielen änderte sich die spezifische Aktivität des markierten Stoffes durch den Prozeß nicht. Das trifft auch dann zu, wenn der markierte Stoff einer chemischen Umsetzung unterliegt, die vollständig verläuft und nur zu e i n e m Reaktionsprodukt führt. Aus der geringeren spezifischen Aktivität des Reaktionsproduktes gegenüber dem berechneten Wert kann man deshalb auf den Umsetzungsgrad schließen, was im folgenden gezeigt werden soll.

Bei der Produktion von Calciumkarbid aus Koks und Calciumoxid bleibt aus verfahrenstechnischen Gründen anfallendes Feinkorn beider Komponenten ungenutzt. Wird das Gemisch aus beiden feinkörnigen Komponenten zusammen mit einem Bindemittel in die während des Abstichs den Ofen verlassene Karbidschmelze eingetragen, so erreicht man unter Ausnutzung des Wärmeinhalts der Schmelze eine zusätzliche Umsetzung zu Karbid, was durch Bestimmung des Umsetzungsgrades unter Verwendung von ^{14}C-markiertem Koks deutlich wird. Die Markierung des Kokses erfolgte über das *Boudouard*sche Gleichgewicht

$$C + {}^{14}CO_2 \rightleftharpoons CO + {}^{14}CO$$

indem vorgeglühter Koks in Stahlampullen mit $^{14}CO_2$ mehrmals auf 700 °C erhitzt und wieder abgekühlt wurde. Das obengenannte Gemisch (50 kg), in dem der Kohlenstoff mit bekannter spezifischer Aktivität markiert war, wurde in die ausfließende Karbidschmelze (2 t) eingetragen. Von dem die nachgeschaltete Kühltrommel verlassenden markierten Produkt entnahm man Proben, deren spezifische Aktivität man über das bei der Umsetzung mit Wasser freiwerdende ^{14}C-Azetylen bestimmte. Der Umsetzungsgrad ergibt sich dann aus der Beziehung

$$U = \frac{S_{Pr}}{S_{100}} \cdot 100\% \qquad (6)$$

S_{Pr} ist die aktuelle spezifische Aktivität einer Probe des Abstichprodukts; S_{100} ist der entsprechende berechnete Wert bei vollständiger Umsetzung des markierten Kokses, der sich aus der Aktivitätsbilanz ergibt. Die Untersuchungen zeigten, daß etwa 30% des in die ausfließende Schmelze eingetragenen Kokses noch nachträglich zu Karbid umgesetzt werden können.

Zusammenfassung

Die angeführten Beispiele zeigen, daß die Indikatoranalyse bei nur geringem Aufwand zur Untersuchung vieler verfahrenstechnischer Prozesse geeignet ist und die Bestimmung auch solcher Parameter erlaubt, die nur schwierig oder überhaupt nicht mit herkömmlichen Methoden erhältlich sind.

Die Autoren danken Herrn Prof. Dr. rer. nat. habil. *H. Koch* für die Unterstützung dieser Arbeiten.

Eingegangen am 4. 12. 1979

Literatur

[1] *G. Schulze-Pillot*, Chemische Industrie 28 (1976) 259
[2] *B. Gorski*, Chem. Techn. 28 (1976) 69

Теоретическое исследование процесса химического изотопного обмена в колоннах и вычисление ВЭТТ

В. А. Каминский Б. Ш. Джанджгава

(Научно-исследовательский институт стабильных изотопов г. Тбилиси)[1])

Разработана математическая модель, описывающая процесс химического изотопного обмена в пленочной колонне и получено аналитическое выражение для ВЭТТ в общем случае, когда обменная реакция идет как на границе контакта фаз, так и в глубине жидкости за счет растворенного в ней газа. Полученные выражения позволяют учитывать влияние на ВЭТТ константы скорости обменной реакции, растворимости газа в жидкости и коэффициентов диффузии, в свою очередь зависящих от рабочего давления и температуры процесса.

(B12) INIS DESCRIPTORS:

chemical reaction kinetics; differential equations; diffusion; extraction columns; flow models; gases; interfaces; isotope effects; isotope separation; isotopic exchange; liquids; nitric acid; nitrogen oxides; solubility

Химический изотопный обмен является одним из наиболее эффективных и распростаненных методов разделения стабильных изотопов легких элементов, однако до сих пор отсутствует теория, описывающая процессы, протекающие в обменных колоннах. В настоящей работе делается попытка создания такой теории и получения выражений для оценки эффективности колонны, т.е. величины ВЭТТ при химическом изотопном обмене.

Мы будем рассматривать разделительный процесс, протекающий в безнасадочной цилиндрической пленочной колонне; переход же к насадочным колоннам может быть осуществлен по методу, описанному в работах [1-2]. Так же как и в этих работах, вывод выражений для ВЭТТ будет производиться для случая малых концентраций и безотборного режима, т. к. величина ВЭТТ от этих допущений не зависит. Все обозначения мы будем относить к компоненту, который в результате обменной реакции переходит в газовую фазу.

Изотопный обмен в колонне идет как на границе раздела фаз, так и в толще жидкости за счет растворенного в ней газа. Обозначим через $n_{ж}$, $n_{гж}$ и $n_{г}$ молярные плотности вещества в жидкости, растворенном газе и в газовой фазе, а через x, x' и y — соответствующие молерные доли рассматриваемого компонента. Тогда для обменной реакции

$$\frac{Ax^*_{ж}}{x} + \frac{Bx_{гж}}{1-x'} \underset{k_2}{\overset{k_1}{\rightleftarrows}} \frac{Ax_{ж}}{1-x} + \frac{Bx^*_{гж}}{x'} \quad (1)$$

протекающей в толще жидкости, поток, приводящий к увеличению концентрации рассматриваемого компонента в растворенном газе будет

$$\tau = k_1 n_{ж} n_{гж} x(-x') - k_2 n_{ж} n_{гж} x'(1-x) \quad (2)$$

Учитывая, что $k_1/k_2 = \alpha$, для облясти концентраций получим:

$$\tau = k n_{ж} n_{гж} (\alpha x - x') \quad (3)$$

При вычислении межфазного потока, возникающего вследствие обменной реакции при непосредственном контакте фаз и направленного в сторону газа, мы используем то же значение константы скорости реакции k, что и в глубине жидкости, однако поток будем относить уже не к единице объема, а к объему мономолекулярного слоя, примыкающего к единице поверхности раздела со стороны газа (пренебрегая при этом объемом мономолекулярного слоя жидкости). Объем этого слоя равен $(n_{г} N_{A})^{-1/3}$ где N_{A} — число Авогадро, и поэтому

$$\tau_{гр} = \frac{k n_{ж} n_{г}}{(n_{г} N_{A})^{-1/3}} (\alpha x_{гр} - y_{гр}) \,. \quad (4)$$

Для удобства рассмотрения примем модель, в которой газ, растворенный в жидкости, выделен в отдельную фазу. Симметрия разделительного канала позволяет рассматривать двухмерную задачу, причем процессы, протекающие в жидкости, из-за малой толщины пленки можно описывать в декартовых координатах, направив поперечную ось s от стенки колонны к поверхности раздела фаз. Процессы, протекающие в газовой фазе будут описываться в цилиндрических координатах, а поперечная ось r будет направлена от оси канала по его радиусу.

Рассмотрим в плоскости zos элемент жидкости и составим баланс потоков рассматриваемого изотопа, входящих и выходящих из этого элемента. Вдоль оси z через него проходят конвективные потоки жидкости и растворенного в ней газа, обусловленные наличием циркуляции в колонне. Оба эти потока имеют одинаковую скорость $L(s)$, которую в пределах нашего бесконечно малого элемента можно считать постоянной. В поперечном направлении через элемент проходят потоки молекулярной диффузии в жидкости и растворенном газе.

Баланс этих потоков, выражающий условие сохранения рассматриваемого компонента, будет иметь вид:

$$\begin{aligned} &L(s)\, n_{ж} x(s, z + \mathrm{d}z)\, \mathrm{d}s + L(s)\, n_{гж} x'(s, z) + \mathrm{d}z)\, \mathrm{d}s + \\ &+ n_{ж} D_{ж} \frac{\mathrm{d}x}{\mathrm{d}s}\bigg|_{s} \mathrm{d}z + n_{гж} D_{гж} \frac{\mathrm{d}x'}{\mathrm{d}s}\bigg|_{s} \mathrm{d}z \\ &- L(s)\, n_{ж} x(s, z)\, \mathrm{d}s - L(s)\, n_{гж} x'(s, z)\, \mathrm{d}s \\ &- n_{ж} D_{ж} \frac{\mathrm{d}x}{\mathrm{d}s}\bigg|_{s+\mathrm{d}s} \mathrm{d}z - n_{гж} D_{гж} \frac{\mathrm{d}x'}{\mathrm{d}s}\bigg|_{s+\mathrm{d}s} \mathrm{d}z = 0 \end{aligned} \quad (5)$$

что приводит к дифференциальному уравнению

$$n_{\text{ж}}L(s)\frac{\partial x(s,z)}{\partial z}+n_{\text{гж}}L(s)\frac{\partial x'(s,z)}{\partial z}-n_{\text{ж}}D_{\text{ж}}\frac{\partial^2 x(s,z)}{\partial s^2}$$
$$-n_{\text{гж}}D_{\text{гж}}\frac{\partial^2 x'(s,z)}{\partial s^2}=0 \quad (6)$$

Используя закон изменения концентрации с высотой в безотборном режиме при малых концентрациях и малых коэффициентах обогащения, искомые функции $x(s, z)$ и $x'(s, z)$ можно представить в виде:

$$x(s,z)=x(s)\cdot\exp\left(\frac{\varepsilon z}{h}\right),\qquad x'(s,z)=x'(s)\cdot\exp\left(\frac{\varepsilon z}{h}\right) \quad (7)$$

где h есть высота ступени ВЭТТ.

С учетом (7) уравнение (6) преобразуется в обыкновенное дифференциальное уравнение для $x(s)$ и $x'(s)$ с h — в качестве параметра.

$$\frac{\varepsilon}{h}L(s)\,(n_{\text{ж}}x+n_{\text{гж}}x')-n_{\text{ж}}D_{\text{ж}}\frac{\mathrm{d}^2x}{\mathrm{d}s^2}$$
$$-n_{\text{гж}}D_{\text{гж}}\frac{\mathrm{d}^2x'}{\mathrm{d}s^2}=0 \quad (8)$$

Изменение диффузионного потока рассматриваемого компонента в растворенном газе по прохождении выделенного элемента происходит за счет обменной реакции, протекающей в этом элементе. Поэтому с учетом (3) можно написать:

$$-n_{\text{гж}}D_{\text{гж}}\frac{\mathrm{d}^2x'}{\mathrm{d}s^2}=kn_{\text{ж}}n_{\text{гж}}(\alpha x-x') \quad (9)$$

Комбинируя (8) и (9) получим систему уравнений для определения x и x':

$$\begin{cases}\dfrac{\mathrm{d}^2x}{\mathrm{d}s^2}=\left[\dfrac{kn_{\text{гж}}}{D_{\text{ж}}}\alpha+\dfrac{\varepsilon}{hD_{\text{ж}}}L(s)\right]x \\ \qquad +\left[\dfrac{kn^{\text{гж}}}{D_{\text{ж}}}+\dfrac{n_{\text{гж}}}{n_{\text{ж}}}\dfrac{\varepsilon}{hD_{\text{ж}}}L(s)\right]x' \quad (10)\\ \dfrac{\mathrm{d}^2x'}{\mathrm{d}s^2}=-\dfrac{kn_{\text{ж}}}{D_{\text{гж}}}\alpha x+\dfrac{kn_{\text{ж}}}{D_{\text{гж}}}x' \quad (11)\end{cases}$$

Выражение для распределения скоростей $L(s)$ получается из решения задачи о течении тонкой пленки жидкости по стенкам колонны и имеет вид:

$$L(s)=\left(\frac{3\Gamma}{2m^3}+\frac{3\tau_0}{4\mu_{\text{ж}}m}\right)s^2-\left(\frac{3\Gamma}{m^2}+\frac{\tau_0}{2\mu_{\text{ж}}}\right)s \quad (12)$$

где Γ — объемный поток жидкости на единицу периметра, m — толщина пленки жидкости, τ_0 — напряжение трения.

Подставляя выражение (12) в уравнения (10) и (11) вводя обозначения

$$c_1=\frac{\varepsilon}{hD_{\text{ж}}}\left(\frac{3\Gamma}{2}+\frac{3\tau_0m^2}{4\mu_{\text{ж}}}\right),$$
$$c_2=-\frac{\varepsilon}{hD_{\text{ж}}}\left(3\Gamma+\frac{\tau_0m^2}{2\mu_{\text{ж}}}\right) \quad (13)$$

получим:

$$\begin{cases}\dfrac{\mathrm{d}^2x}{\mathrm{d}s^2}=\left(\dfrac{kn_{\text{гж}}}{D_{\text{ж}}}\alpha+\dfrac{c_2}{m^3}s+\dfrac{c_1}{m^4}s^2\right)x \\ \qquad +\left(-\dfrac{kn_{\text{гж}}}{D_{\text{ж}}}+\dfrac{n_{\text{гж}}}{n_{\text{ж}}}\dfrac{c_2}{m^3}s+\dfrac{n_{\text{гж}}}{n_{\text{ж}}}\dfrac{c_1}{m^4}s^2\right)x' \quad (14)\\ \dfrac{\mathrm{d}^2x'}{\mathrm{d}s^2}=-\dfrac{kn_{\text{ж}}}{D_{\text{гж}}}\alpha x+\dfrac{kn_{\text{ж}}}{D_{\text{гж}}}x' \quad (15)\end{cases}$$

В отличие дистилляции, диффузионный поток у стенки колонны в нашем случае равен нулю, поскольку у стенки также происходит обменная реакция между жидкостью и растворенным газом. Так же как и в случае реакции, протекающей на поверхности раздела фаз, поток изотопа, направленный из жидекости в растворенный газ у стенки мы отнесем к объему мономолекулярного слоя. Поэтому граничные условия для системы уравнений (14), (15) будут иметь вид:

$$\text{при } s=0,\quad \begin{cases}\dfrac{\mathrm{d}x}{\mathrm{d}s}=\dfrac{kn_{\text{ж}}}{D_{\text{ж}}(n_{\text{гж}}N_{\text{A}})^{1/3}}(\alpha x_{\text{c}}-x'_{\text{c}})\\ \dfrac{\mathrm{d}x'}{\mathrm{d}s}=-\dfrac{kn_{\text{ж}}}{D_{\text{гж}}(n_{\text{гж}}N_{\text{A}})^{1/3}}(\alpha x_{\text{c}}-x'_{\text{c}})\end{cases} \quad (16)$$

$$\text{при } s=m,\ x=x_{\text{гр}},\ x'=x'_{\text{гр}}$$

Обратимся теперь к поцессам, протекающим в газовой фазе. Путем аналогичного рассмотрения задачи можно получить уравнение, описывающее конвективную диффузию в газе:

$$\frac{\mathrm{d}}{\mathrm{d}r}\left(r\frac{\mathrm{d}y}{\mathrm{d}r}\right)-\frac{\varepsilon}{hD_{\text{г}}}rV(r)\,y=0 \quad (17)$$

Профиль скоростей в газе для случая ламинарного режима задается законом Пуазейля

$$V(r)=\frac{2q}{\pi R^4}(R^2-r^2) \quad (18)$$

где q — объемный расход газа, а R — радиус канала. Вводя обозначение

$$c_3=\frac{\varepsilon}{hD_{\text{г}}}\frac{2q}{\pi} \quad (19)$$

получим

$$\frac{\mathrm{d}}{\mathrm{d}r}\left(r\frac{\mathrm{d}y}{\mathrm{d}r}\right)=\frac{c_3}{R^4}(R^2-r^2)\,ry \quad (20)$$

Граничные условия для этого уравнения будут иметь вид:

$$\text{при}\quad r=0,\qquad \frac{\mathrm{d}y}{\mathrm{d}r}=0$$

$$\text{при}\quad r=R,\qquad y=y_{\text{гр}}$$

Легко видеть, что решения уравнений (14), (15) и (20) будут содержать, помимо h, неопределенные пока граничные концентрации $x_{\text{гр}}$, $x'_{\text{гр}}$ и $y_{\text{гр}}$. Для нахождения связей между этими параметрами можно воспользоваться условием баланса ценного компонента в произвольном сечении колонны и двумя условиями, существующими на границе раздела фаз.

Из баланса потоков вещества

$$2\pi R(\Gamma n_{\text{ж}}+\Gamma n_{\text{гж}}=qn_{\text{г}} \quad (21)$$

и потоков рассматриваемого компонента

$$2\pi R(\Gamma n_{\text{ж}}\bar{x}+\Gamma n_{\text{гж}}\bar{x}')=qn_{\text{г}}\bar{y} \quad (22)$$

получим первое условие

$$\bar{x}+\frac{n_{\text{гж}}}{n_{\text{ж}}}\bar{x}'=\left(1+\frac{n_{\text{гж}}}{n_{\text{ж}}}\right)\bar{y} \quad (23)$$

Параметры $x_{\text{гр}}$, $x'_{\text{гр}}$ и $y_{\text{гр}}$ входят в него через средние значения концентраций $\bar{x}$, $\bar{x}'$ и $\bar{y}$. Кроме того, на границе раздела сумма диффузионного потока растворенного газа $\tau_{x'}$ и химического потока, переносимого через границу в результате прямого контакта фаз τ_x должна равняться диффузионному потоку, уходящему от границы вглубь газовой фазы τ_y. Это дает вторую связь между параметрами $x_{гр}$, $x'_{гр}$ и $y_{гр}$.

$$-n_{гж}D_{гж}\left.\frac{dx'}{ds}\right|_{гр} + \frac{kn_{ж}n_{г}}{(n_{г}N_{A})^{1/3}}(\alpha x_{гр} - y_{гр}) = n_{г}D_{г}\left.\frac{dy}{dr}\right|_{гр} \qquad (24)$$

Наконец, допущение об отсутствии изотопного эффекта при растворимости газа в жидкости дает третье условие

$$x'_{гр} = y_{гр} \qquad (25)$$

Решение системы алгебраических уравнений (23)—(25) позволяет в конечном счете определить величину h, т. е. ВЭТТ при химическом обмене. Однако, прежде необходимо решить систему дифференциальных уравнений (14), (15) и (20). Эту систему мы будем решать методом последовательных приближений, используя в качестве нулевого приближения значения концентрации на стенке колонны. Для этого в правой части уравнений заменим x и x' на x_c и x'_c. С учетом граничных условий (16) после интегрирования получим:

$$x = x_{гр} - p_3(\alpha x_c - x'_c)\left(1 - \frac{s}{m}\right) - \frac{p_1}{2}(\alpha x_c - x'_c)\left(1 - \frac{s^2}{m^2}\right) - \left(x_c - \frac{n_{гж}}{n_{ж}}x'_c\right) \times \left[\frac{c_2}{6}\left(1 - \frac{s^3}{m^3}\right) + \frac{c_1}{12}\left(1 - \frac{s^4}{m^4}\right)\right] \qquad (26)$$

$$x' = x'_{гр} + p_4(\alpha x_c - x'_c)\left(1 - \frac{s}{m}\right) + \frac{p_2}{2}(\alpha x_c - x'_c)\left(1 - \frac{s^2}{m^2}\right) \qquad (27)$$

где

$$p_1 = \frac{km^2 n_{гж}}{D_{ж}}, \quad p_2 = \frac{km^2 n_{ж}}{D_{гж}}, \quad p_3 = \frac{p_1}{m(n_{гж}N_{A})^{1/3}},$$

$$p_4 = \frac{p_2}{m(n_{гж}N_{A})^{1/3}}$$

В уравнении (26) с достаточной точностью можно заменить множитель $x_c + \frac{n_{гж}}{n_{ж}}x'_c$ на $x_{гр} + \frac{n_{гж}}{n_{ж}}x'_{гр}$ и определить из (26) выражение

$$\alpha x_c - x'_c = \frac{\alpha x_{гр} - x'_{гр} - \left(x_{гр} + \frac{n_{гж}}{n_{ж}}x'_{гр}\right)\left(\frac{c_2}{6} + \frac{c_1}{12}\right)}{1 + \frac{p_1\alpha + p_2}{2} + p_3\alpha + p_4} \qquad (28)$$

Далее, при помощи этого выражения из (26) и (27) можно исключить разность $\alpha x_c - x'_c$, в результате чего текущие концентрации будут выражены только через значения концентраций на границе раздела фаз.

Аналогичное решение уравнения (20) дает

$$y = y_{гр}\left[1 - \frac{c_3}{16}\left(3 - 4\frac{r^2}{R^2} + \frac{r^4}{R^4}\right)\right] \qquad (29)$$

Оценки показывают, что из-за малости коэффициента обогащения ε, в обоих случаях можно ограничиться первым приближением.

Используя выражения (26)—(29) можно определить величины, входящие в алгебраическую систему уравнений (23)—(25), а именно x, x', y, $\left.\frac{dx'}{ds}\right|_{гр}$ и $\left.\frac{dy}{ds}\right|_{гр}$ после чего эта система принимает вид

$$\left(x_{гр} + \frac{n_{гж}}{n_{ж}}x'_{гр}\right)\left(1 - \frac{c_2}{8} - \frac{c_1}{15}\right) - \frac{\frac{p_1 + \frac{n_{гж}}{n_{ж}}p_2}{3} + \frac{p_3 + \frac{n_{гж}}{n_{ж}}p_4}{2}}{1 + \frac{p_1\alpha + p_2}{2} + p_3\alpha + p_4} \times \left[\alpha x_{гр} - x'_{гр} - \left(x_{гр} + \frac{n_{гж}}{n_{ж}}x'_{гр}\right)\left(\frac{c_2}{6} + \frac{c_1}{12}\right)\alpha\right] = \left(1 + \frac{n_{гж}}{n_{ж}}\right)\left(1 - \frac{c_3}{12}\right)y_{гр} \qquad (30)$$

$$\frac{n_{гж}D_{гж}}{m}\,\frac{p_2 + p_4}{1 + \frac{p_1\alpha + p_2}{2} + p_3\alpha + p_4} \times \left[\alpha x_{гр} - x'_{гр} - \left(x_{гр} + \frac{n_{гж}}{n_{ж}}x'_{гр}\right)\left(\frac{c_2}{6} + \frac{c_1}{12}\right)\alpha\right] + \frac{kn_{ж}n_{г}}{(n_{г}N_{A})^{1/3}}(\alpha x_{гр} - y_{гр}) = n_{г}D_{г}\frac{c_3}{4R}y_{гр} \qquad (31)$$

$$x'_{гр} = y_{гр} \qquad (32)$$

Система уравнений (30)—(32) позволяет исключить неизвестные граничные концентрации и определить h. Воспользовавшись (32), получим:

$$\left[1 + \frac{A-1}{A}\varepsilon - \frac{1}{A}\left(\frac{c_2}{8} + \frac{c_1}{15}\right) - \frac{A-1}{A}\left(\frac{c_2}{6} + \frac{c_1}{12}\right)\alpha\right]x_{гр} = \left[1 + \frac{1}{A}\frac{n_{гж}}{n_{ж}}\left(\frac{c_2}{8} + \frac{c_1}{15}\right) + \frac{A-1}{A}\frac{n_{гж}}{n_{ж}}\left(\frac{c_2}{6} + \frac{c_1}{12}\right)\alpha - \left(1 + \frac{n_{гж}}{n_{ж}}\right)\frac{c_3}{12}\right]y_{гр} \qquad (33)$$

где

$$A = 1 - \frac{\frac{p_1 + \frac{n_{гж}}{n_{ж}}p_2}{3} + \frac{p_3 + \frac{n_{гж}}{n_{ж}}p_4}{2}}{1 + \frac{p_1\alpha + p_2}{2} + p_3\alpha + p_4}$$

$$\left[1 + \varepsilon - \frac{B}{C}\left(\frac{c_2}{6} + \frac{c_1}{12}\right)\alpha\right]x_{гр} = \left[1 + \frac{B}{C}\frac{n_{гж}}{n_{ж}}\left(\frac{c_2}{6} + \frac{c_1}{12}\right) + \frac{n_{г}D_{г}}{C}\frac{c_3}{4R}\right]y_{гр} \qquad (34)$$

где

$$B = \frac{n_{гж}D_{гж}}{m}\,\frac{p_2 + p_4}{1 + \frac{p_1\alpha + p_2}{2} + p_3\alpha + p_4}$$

$$C = \frac{kn_{ж}n_{г}}{(n_{г}N_{A})^{1/3}}$$

откуда, пренебрегая членами, содержащими ε^2, будем иметь:

$$\varepsilon = \left(1 + \frac{n_{\text{гж}}}{n_{\text{ж}}} + \frac{3n_{\text{г}}D_{\text{г}}A}{CR}\right)\frac{c_3}{12} - \left(1 + \frac{n_{\text{гж}}}{n_{\text{ж}}}\right) \times \left[\frac{c_2}{8} + \frac{c_1}{15} - \left(1 - A + \frac{B}{C}A\right)\left(\frac{c_2}{6} + \frac{c_1}{12}\right)\alpha\right] \quad (35)$$

Подставляя сюда значения c_1 и c_2 из (13) и c_3 из (19), получим окончательное выражение для ВЭТТ:

$$h = \left(1 + \frac{n_{\text{гж}}}{n_{\text{ж}}} + \frac{3n_{\text{г}}D_{\text{г}}A}{CR}\right)\frac{q}{6\pi D_{\text{г}}} + \left(1 + \frac{n_{\text{гж}}}{n_{\text{ж}}}\right) \times \left[\frac{11}{40} + \frac{3}{8}\left(1 - A + \frac{B}{C}A\right)\alpha\right]\frac{\Gamma m}{D_{\text{ж}}} + \left(1 + \frac{n_{\text{гж}}}{n_{\text{ж}}}\right)\left[\frac{1}{80} + \frac{1}{48}\left(1 - A + \frac{B}{C}A\right)\alpha\right]\frac{\tau_0 m^3}{\mu_{\text{ж}}D_{\text{ж}}} \quad (36)$$

В случае, когда $n_{\text{гж}} = 0$ и обмен идет только на границе раздела фаз, формула (36) упрощается и принимает вид:

$$h = \left[1 + \frac{3D_{\text{г}}(n_{\text{г}}N_{\text{A}})^{1/3}}{kn_{\text{ж}}R}\right]\frac{q}{6\pi D_{\text{г}}} + \frac{11}{40}\frac{\Gamma m}{D_{\text{ж}}} + \frac{1}{80}\frac{\tau_0 m^3}{\mu_{\text{ж}}D_{\text{ж}}} \quad (37)$$

Наконец, если в формуле (37) совершить предельный переход при $k \to \infty$, что соответствует случаю весьма быстрого обмена, мы получим выражение, совпадающее с выражением для ВЭТТ при дистилляции в цилиндрическом канале:

$$h = \frac{q}{6\pi D_{\text{г}}} + \frac{11}{40}\frac{\Gamma m}{D_{\text{ж}}} + \frac{1}{80}\frac{\tau_0 m^3}{\mu_{\text{ж}}D_{\text{ж}}}. \quad (38)$$

Формулы (36), (26)—(29) и (34) позволяют построить поперечные профили концентрации в жидкой и газовой фазах и провести анализ процессов, протекающих в колонне при химическом обмене. Следует заметить, что концентрацию в одной из точек при этом необходимо задать произвольно; такую концентрацию мы зададим в центре газового канала и примем ее одинаковой для всех рассматриваемых случаев.

Численные значения физических параметров, такие, как коэффициенты диффузии, молярные плотности, коэффициент разделния и др., а также соотношение между величинами газового и жидкостного потоков мы возьмем для системы $NO\text{-}HNO_3$, оставляя за собой право с целью анализа процесса варьировать величину константы скорости обменной реакции, растворимость газа и толщину пленки жидкости. Исходные данные для численных расчетов приведены в табл. 1.

Рассмотрим сначала случай, когда обмен просходит только на поверхности раздела фаз, для чего положим $n_{\text{гж}} = 0$. В отличие от дистилляции, когда разность концентраций на границе $y_{\text{гр}} - x_{\text{гр}}$ — определяется условием равновесия и всегда постоянна, при химическом обмене она зависит от константы скорости реакции k и определяется конкурирующим влиянием скорости межфазного переноса, обусловленного обменной реакцией, и диффузионных потоков, приходящих и уходящих от поверхности раздела. Величина этой разности может быть определена лишь в результате решения задачи в целом и не поддается предварительной оценке. Как видно из табл. 1 при малых значениях k отклонение от равновесия велико, т. е. мала разность $y_{\text{гр}} - x_{\text{гр}}$; вместе с тем малы и диффузионные потоки, в свою очередь зависящие как от этой разности, так и от баланса средних концентраний в жидкости и газе. Это приводит к высоким значениям ВЭТТ при малой величине константы скорости реакции. С увеличением k граничная разность концентраций растет и стремится к своему максимальному равновесному значению. При этом максимального значения достигают и диффузионные потоки, а ВЭТТ — своего минимума, соответствующего случаю дистилляции. С увеличением константы скорости реакции межфазный поток все время увеличивается, выходя на насыщение при больших значениях k.

Обратимся теперь к общему случаю, когда обмен идет не только на границе раздела, но и в толще жидкости. Как видно из табл. 2, при малых значениях k обмен, протекающий в глубине жидкости, играет существенную роль, заметно снижая ВЭТТ по сравнению с чисто поверхностным случаем. В то время, как межфазный поток, возникающий при прямом контакте фаз, в обоих случаях практически одинаков, поток, переходящий границу со стороны растворенного газа при малых k превосходит его на несколько порядков. Однако с увеличением k картина меняется. По мере приближения к равновесию, из-за уменьшения градиента x' начинает снижаться диффузионный поток растворенного газа и, соответственно, межфазный поток $\tau_{x'}$. В то же время поток, обусловленный прямым контактом τ_x все время возрастает и, начиная с некоторых значений k, обуславливает эффективность всего процесса.

Таким образом, обмен, протекающий в толще жидкости, увеличивает эффективность' процессов, обладающих не слишком высокими значениями константы скорости реакции. Для быстрых же процессов, идущих по диффузионной кинетике, роль растворенного газа несущественна.

На рис. 1 представлены поперечные профили концентраций x, x' и y в жидкости и газе. Как видно из этого рисунка, с увеличением константы скорости реакции в общем случае растет как граничная разность концентраций, так и разность $x' - x$, которая приближается к равновесному значению сначала у стенки

Табл. 1. Исходные данные для численных оценок

Коэффициент разделения	Коэффициенты диффузии $см^2/сек$			Молярные плотности, моль/$см^3$		Радиус канала	Концентрация в центре канала
α	$D_{\text{ж}}$	$D_{\text{гж}}$	$D_{\text{г}}$	$n_{\text{ж}}$	$n_{\text{г}}$	R, *см*	y_c
1,05	$5{,}5 \cdot 10^{-4}$	$7{,}2 \cdot 10^{-4}$	0,22	$2{,}0 \cdot 10^{-2}$	$3{,}3 \cdot 10^{-5}$	0,11	0,05

Табл. 2. Влияние константы скорости реакции на величину межфазных потоков, степень отклонения от равновесия на границе раздела фаз и на ВЭТТ
($q = 2{,}2$ *см³/сек*; $m = 0{,}01$ *см*; $n_{гж} = 6 \cdot 10^{-4}$ *моль/см³*)

Константа скорости реакции K	Поверхностный случай ($n_{гж} = 0$)			Общий случай			
	Отклонение от равновесия	Плотность потока через границу раздела фаз	ВЭТТ *см*	Отклонение от равновесия	Плотность потока через границу раздела фаз *моль/см² сек*		ВЭТТ *см*
см³/моль · сек	$\alpha x_{гр} - y_{гр}$	τ_x *маль/см²сек*		$\alpha x_{гр} - y_{гр}$	τ_x	$\tau_{x'}$	
10	$2{,}5 \cdot 10^{-3}$	$9{,}5 \cdot 10^{-15}$	$2{,}7 \cdot 10^{7}$	$2{,}5 \cdot 10^{-3}$	$9{,}4 \cdot 10^{-15}$	$2{,}9 \cdot 10^{-9}$	88,6
10^2	$2{,}5 \cdot 10^{-3}$	$9{,}5 \cdot 10^{-14}$	$2{,}7 \cdot 10^{6}$	$2{,}4 \cdot 10^{-3}$	$9{,}0 \cdot 10^{-14}$	$2{,}5 \cdot 10^{-8}$	10,5
10^3	$2{,}5 \cdot 10^{-3}$	$9{,}5 \cdot 10^{-13}$	$2{,}7 \cdot 10^{5}$	$2{,}0 \cdot 10^{-3}$	$7{,}6 \cdot 10^{-13}$	$9{,}9 \cdot 10^{-8}$	2,7
10^4	$2{,}5 \cdot 10^{-3}$	$9{,}5 \cdot 10^{-12}$	$2{,}7 \cdot 10^{4}$	$1{,}8 \cdot 10^{-3}$	$6{,}8 \cdot 10^{-12}$	$1{,}4 \cdot 10^{-7}$	1,9
10^6	$2{,}5 \cdot 10^{-3}$	$9{,}5 \cdot 10^{-10}$	$2{,}8 \cdot 10^{2}$	$1{,}8 \cdot 10^{-3}$	$6{,}7 \cdot 10^{-10}$	$1{,}5 \cdot 10^{-7}$	1,8
10^8	$2{,}1 \cdot 10^{-3}$	$8{,}0 \cdot 10^{-8}$	3,3	$1{,}6 \cdot 10^{-3}$	$5{,}9 \cdot 10^{-8}$	$1{,}3 \cdot 10^{-7}$	1,4
10^{10}	$1{,}3 \cdot 10^{-4}$	$5{,}0 \cdot 10^{-7}$	0,6	$1{,}2 \cdot 10^{-4}$	$4{,}7 \cdot 10^{-7}$	$1{,}1 \cdot 10^{-8}$	0,6
10^{12}	$1{,}4 \cdot 10^{-6}$	$5{,}3 \cdot 10^{-7}$	0,6	$1{,}3 \cdot 10^{-6}$	$5{,}1 \cdot 10^{-7}$	$8{,}4 \cdot 10^{-10}$	0,6

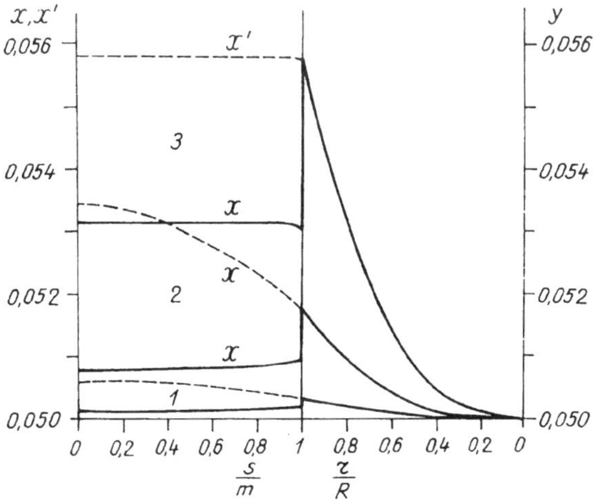

Рис. 1. Поперечные профили концентраций в жидкости, растворенном газе и газовой фазе
Величины константы скорости реакции k, *см³/моль · сек*:
1 — 10^2; 2 — 10^5; 3 — 10^{12};
($m = 0{,}01$ *см*; $n_{гж} = 6 \cdot 10^{-4}$ *моль/см³*; $q = 2{,}2$ *см³/сек*;
$\Gamma = 1{,}15 \cdot 10^{-4}\ q$)

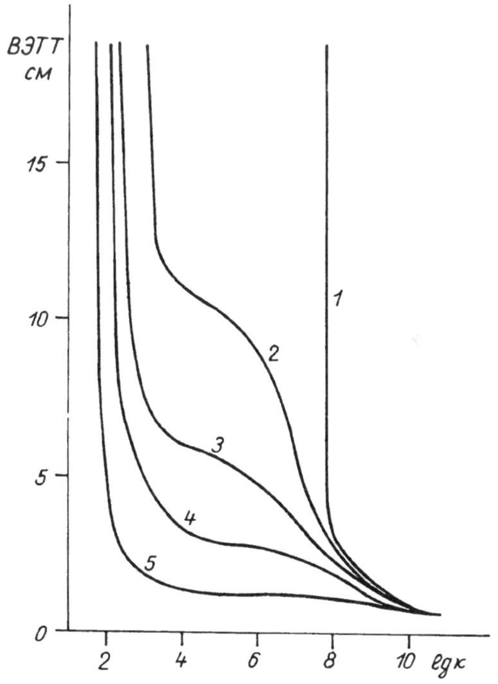

Рис. 2. Зависимость ВЭТТ от константы скорости реакции при различных значениях растворимости газа в жидкости
Величины $n_{гж}$, *моль/см³*: 1 — 0; 2 — $7{,}5 \cdot 10^{-5}$; 3 — $1{,}5 \cdot 10^{-4}$; 4 — $3{,}0 \cdot 10^{-4}$; 5 — 10^{-3}; ($m = 0{,}01$ *см*; $q = 2{,}2$ *см³/сек*)

колонны, а затем и вдоль всей толщины пленки жидкости. Обращает на себя внимание, что при малых значениях k градиент x у стенки положителен, т. е. диффузионный поток рассматриваемого компонента в жидкости направлен к стенке, что объясняется существованием межфазного потока у стенки, направленного из жидкости в растворенный газ. С увеличением k, по мере приближения к равновесию, этот поток уменьшается, а диффузионный поток у стенки приближается к нулю.

На рис. 2 представлена зависимость ВЭТТ от константы скорости реакции при различных значениях растворимости газа в жидкости. С увеличением k величина ВЭТТ во всех случаях уменьшается, постепенно стремясь к минимальному теоретическому пределу, имеющему место при дистилляции. Увеличение растворимости газа снижает ВЭТТ особенно сильно при малых k; в области же больших k влияние растворенного газа на эффективность процесса постепенно исчезает, что подтверждает вывод, сделанный на основании анализа табл. 2.

Замедление падения ВЭТТ в области средних k можно объяснить тем, что в этой области из-за приближения к равновесию поток $\tau_{x'}$, как видно из табл. 2, замедляет рост, выходит на максимум, а впоследствии даже начинает уменьшаться, в то время, как поток τ_x, обусловленный прямым контактом жидкости и газа еще не может обеспечить быстрого снижения ВЭТТ.

Представляет значительный интерес влияние на ВЭТТ толщины пленки жидкости, представленное на рис. 3. В области малых k увеличение толщины пленки существенно снижает ВЭТТ, что объясняется увеличением суммарного потока, направленного из жид-

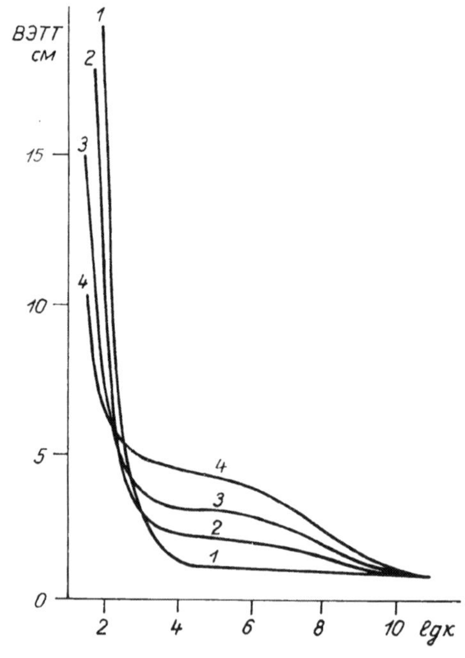

Рис. 3. Зависимость ВЭТТ от константы скорости реакции при различных значениях толщины пленки жидкости
Величины *m*, *см*: 1 – 0,005; 2 – 0,01; 3 – 0,02; 4 – 0,03
($n_{\text{гж}} = 6 \cdot 10^{-4}$ *моль/сек*; *q* – 2,2 *см³/сек*)

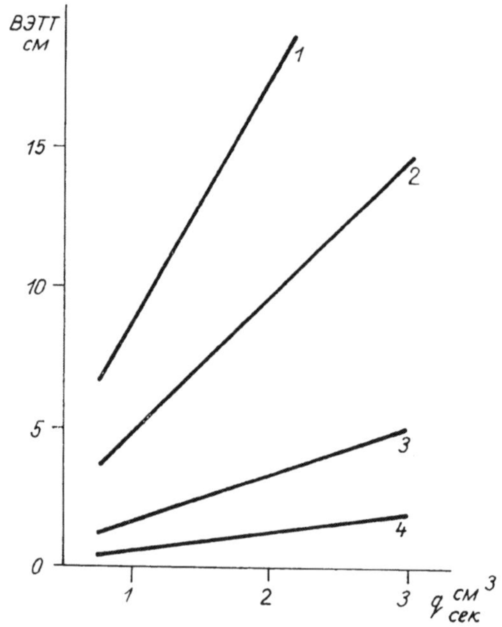

Рис. 4. Зависимость ВЭТТ от нагрузки при различных значениях константы скорости реакции
Величины *k*, *см³/моль · сек*: 1 – 50; 2 – 10^2; 3 – $5 \cdot 10^2$; 4 – 10^8 (*m* = 0,01 *см*; $n_{\text{гж}} = 6 \cdot 10^{-4}$ *моль/сек*)

кости в растворенный газ с увеличением объема жидкости, и, следовательно, увеличением величины $\tau_{x'}$. Однако, с возрастанием k и приближением к равновесию, когда роль внутреннего обмена уменьшается, начинает превалировать увеличение диффузионного пути в жидкости и картина оборачивается; с ростом толщины пленки ВЭТТ увеличивается. При достаточно больших k, когда, как и в случае дистилляции, вклад жидкой фазы в ВЭТТ становится малым по сравнению с вкладом газовой фазы, влияние толщины пленки на ВЭТТ также становится незначительным.

На рис. 4 представлены зависимости ВЭТТ от нагрузки при различных значениях k. Эти зависимости линейны, причем наклон кривых уменьшается с увеличением k.

Численные оценки показывают, что величина коэффициента разделения, хотя и играет существенную роль в регулировании процесса, определяя соотношение между концентрациями в жидкости и на границе раздела фаз, тем не менее практически не оказывает влияния на величину ВЭТТ.

В заключение отметим, что при химическом изотопном обмене основной вклад в ВЭТТ вносят процессы, протекающие в жидкости и на границе раздела фаз, и только при весьма больших значениях константы скорости обмена вклад газовых членов становится существенным.

Поступила в редакцию 10./I, 1980 г.

Литература

[1] *В. А. Каминский, И. А. Гиоргадзе*, Isotopenpraxis **9** (1973) 1
[2] *В. А. Каминский, И. А. Гиоргадзе, В. Н. Ковтун*, Isotopenpraxis, **14** (1978) 321

"Stable Isotope Mixing", a Proposal to Analyze Stable Isotopes Using a Technique Similar to the Isotope Dilution Analysis

Part I. Theoretical Treatment

K. Farjo

Chemistry Department, Nuclear Research Centre, Tuwaitha, Baghdad, IRAQ.)[1])

A proposal (shortly expressed as stable isotope mixing) similar to the stable isotope dilution analysis is described. It deals with the determination of the stable isotope relative abundances. Several related formulae are derived and briefly discussed. Other characters e.g. formula weight may be obtained in the same way.

(B11) INIS DESCRIPTORS:

accuracy; deuterium compounds; isotope dilution; isotope ratio; mass spectroscopy; microanalysis; mixing nitrogen 14; nitrogen 15; oxygen 16; oxygen 17; oxygen 18; stable isotopes; water

Since the introduction of the isotope dilution analysis by *Hevesy* [1], the method has been found to be a useful analytical technique. Stable isotope dilution analysis was firstly applied by *Schoenheimer* [2] and *Rittenberg* [3].

As wellknown, the method is based upon the determination of trace amounts of a substance using a tracer with known isotopic composition. However it is to expect that other characters (e.g. relative abundances of stable isotopes) may be determined by application of similar technique. Therefore the determination of the relative abundaces of the stable isotopes of an element in a certain substance may be carried out as follows: a precisely weighed quantity of the substance to be analyzed (considered as unknown) will be added to a likewise precisely weighed quantity of a substance (considered as diluent) which a known stable isotopic composition of the element, whose stable isotopic composition is to be determined in the unknown). Bothe quantities will be mixed and thoroughly homogenized. Then the stable isotopic composition of the element to be analyzed in the mixiture will be determined, from which that of the unknown will be calculated. This proposal will be shortly expressed as "stable isotope mixing" in the present work.

The calculation of the unknown stable isotopic composition will be illustrated in the following hypothetical example: let a be the unknown, which contains the element X. X may consists of the stable isotopes X_1 and X_2; a biisotopic element is taken for simplicity. The substance a will be added as described above to a diluent d. Then the X-stable isotopic composition of the mixture a/d will be determined. Accordingly the X-stable isotopic composition of d; a/d-mixture and a expressed as X_1-relative abundance are coupled in the relation:

$$G_{1m} = \frac{G_{1a} W_a + G_{1d} W_d}{W_a + W_d} \quad (1)$$

where:

G_{1m}: X_1-relative abundance [weight %] in the mixture
G_{1a}: X_1-relative abundance [weight %] in the unknown
G_{1d}: X_1-relative abundance [weight %) in the diluent
W_a: quantitity of the unknown [weight unit]
W_d: quantity of the diluent [weight unit]

However the isotope relative abundance in weight % and that in Atom- (or Mol)% are convertable in each other:

$$G_1 = \frac{100 n_1 M_1}{n_1 M_1 + n_2 M_2} \quad (2)$$

for biisotopic element,

$$= \frac{100 n_1 M_1}{100\, M_2 + n_1 (M_1 - M_2)} \quad (2a)$$

where:

G_1: X_1-re.lative abundance in weight %
n_1: X_1-relative abundance in Atom %
n_2: X_2-relative abundance in Atom %
M_1: molecular or formula weight of the substance to be analyzed assuming pure X_1-isotope molecule
M_2: molecular or formula weight of the substance to be analyzed assuming pure X_2-isotope molecule.

respectively,

$$n_1 = \frac{100 G_1 M_2}{100 M_1 - (M_1 - M_2)\, G_1} \quad (3)$$

By considering the relations: 1, 2 and 3 it is almost evident that other characters behined the stable isotopic composition, expressed as relative isotope abundances, may be determined (e.g. the formula weight). In the following several possibilities which might be given by this proposal are mentioned and briefly discussed.

I. Determination of the stable isotope relative abundance

The relative abundance n_{1a} of a stable isotope X_1 in an unknown a may be determined as described above. Accordingly M_1, M_2 and G_{1d} have to be known; W_a, W_d and G_{1m} have to determined experimentally. n_{1a} will be then calculated using the equations (1—3). On the other hand, if a number of moles Na of the unknown a are mixed with a number of moles Nd of the diluent d (with X_1-relative

[1]) Address: P. O. Box 765, Tuwaitha, Baghdad, IRAQ

abundance n_{1d}) then n_{1a} is calculated using the experimentally determined n_{1m} as follows:

$$n_{1a} = \frac{n_{1m}(Na + Nd) - n_{1d}\,Nd}{Na} \tag{4}$$

There are several special cases which seems advantageous to apply the stable isotope mixing:

a) analysis of stable isotopes with techniques which have relatively large memory effect: the mass spectrometrical H/D analysis of molecular hydrogen is obviously such a typical case. The influence of the memory effect is herein heavely. Thus it is practically very difficult to carry out mass spectrometrical H/D analysis of a sample having a low D-content (e.g. natural water) with an instrument which is used for analysis of markably D-enriched samples. However the stable isotope mixing may make the mass spectrometrical H/D analysis of samples with different D-relative abundance possible to be performed with mixtures having a certain range of D-relative abundance. Thus no large memory effects are to be expected. Consequently one instrument might be sufficient for performing mass spectrometrical H/D analysis of samples among the whole range of D-relative abundance.

b) the mass spectrometrical isotope analysis applying the sample/standard-technique: The sample/standard-technique is presently used for precision mass spectrometrical analysis of stable isotopes. However the stable isotopic composition of the sample to be analyzed has to be similar to that of the standard. In general the more similar is the stable isotopic composition of the sample to that of the standard the higher is the precision. Thus the stable isotope mixing will most likely make it possible to carry out analysis of samples independent of their stable isotopic composition. Accordingly suitable mixtures of the sample and a diluent are to be prepared. As a diluent, the standard itself may be used for this purpose.

c) high precision analysis of stable isotopes: with respect to 1b, the stable isotope mixing might be of advantage specially for carrying out high precision analysis of stable isotopes. As already mentioned the stable isotope mixing may be applied for the selection of the stable isotopic composition range of the mixture. Accordingly it seems to allow the utilization of stable isotopic composition ranges from which the most accurate results of the used analytical method are expected. Thus every method of analysis might be used within its highest precision range for any sample. This may be of interest for the analysis of stable isotopes which are analyzed with different methods e.g. Deuterium; so that a direct comparison of the used analytical methods for a certain stable isotope will be most likely possible. In the case of Deuterium almost all known analytical methods are possible to be used for its analysis. Also if different ranges of the same analytical method are used, the stable isotope mixing may be advantageous. Therefore the mass spectrometrical N-isotope analysis may be carried out using the masses 28/29, 28/29/30 or 29/30 for any sample simultaneously.

On the other hand the number of repeatitions of an analysis may be increased using the stable isotope mixing as compared with the common analytical technique. The amount of the mixture itself may be enlarged by enlargement of the amount of the diluent added. It might be of interest to mention in this means, that the application of the stable isotope mixing will reduce the number of standards needed for the analysis. In principle only one standard will be needed for the analysis of each stable isotope independent of its relative abundance range.

d) analysis of micro amounts: it is interesting to mention that the stable isotope mixing may allow the analysis of samples of far smaller amounts as normally required. Accordingly it might be possible to carry out analysis of stable isotopes on very small samples using the stable isotope mixing. This means it may be applied to downscale the amount of the sample. Such downscaling will reduce the amount of needed material, time . . . etc. for performing work with stable isotopes. Thus experiments dealing with isotope separation may be carried out in markably smaller arrangements.

e) Sample preparation: the stable isotope mixing may be applied to simplify some methods of sample preparation for the analysis of stable isotopes. Thus substances similar to that to be analyzed may be added to it (as diluents) to form the stable isotope mixture. For instance ammonium salt of known ^{15}N-content may be added as diluent to organic nitrogen compounds (with unknown ^{15}N-content) in a certain stage of sample preparation.

II. Determination of the formula weight and other characters

Considering the relations (1 – 3) is simply to find that the formula weight may calculated when the stable isotopic composition of both substances to be mixed is known. The impurities contained in each of the substances above, which might fulsfly the results, may be determined too. Therefore several samples are to be prepared by mixing different proportions of both substances. The stable isotopic composition of the mixtures will be then determined experimentally. Consequently the formula weight and the amount of impurities will be calculated from the stable isotopic composition of both substances to be mixed and their mixtures using the equations (1 – 3). The determination of the formula weight hereby has no direct relation to physical or chemical changes occure to the substance, whose formula weight is to be determined. Accordingly the formula weight of sensitive substances (e.g. organic compounds and biological materials) may be determined in this way. Similarly an indirect analysis of stable isotopes contained in a compound may be carried out. For instance the relative D-abundance of a water sample may be calculated when those of ^{16}O, ^{17}O and ^{18}O are known and the formula weight of the water to be analyzed is determined.

III. Combination with the stable isotope dilution anlysis

The combination of the stable isotope mixing with the stable isotope dilution analysis may be interesting in cases, in which both amount and stable isotopic composition of a certain material are to be determined. Such combination will be of advantage especcially for the determination of the stable isotopic composition of practically unweighable samples.

Now work is in progress in some of the above mentioned subjects.

Acknowledgement

The author would like to express his appreciation to Mr. *G. Haase* (visiting IAEA-expert-AdW der DDR, ZfI Leipzig) for many useful discussions.

Received January 23, 1980

References

[1] *G. Hevesy, R. Hobbie*, Z. Anal. Chem. **88** (1932) 1
[2] *R. Schoenheimer* et al., J. Biol. Chem. **130** (1939) 703
[3] *D. Rittenberg, G. L. Foster*, J. Biol. Chem. **133** (1940) 737

Kurze Originalmitteilungen

Herstellung von Methylcyclopentan-^{14}C durch heterogen-katalysierte Isomerisierung von Cyclohexan-^{14}C

U. Kosakowsky, R. Russow

(VEB „Otto Grotewohl" Böhlen)[1])

(B13) INIS DESCRIPTORS:

carbon 14 compounds; catalysis; chemical preparation; cycloalkanes; cyclohexane; gas chromatography; high temperature; isomerization

Die praktisch erzielbare Ausbeute bei der Herstellung von Methylcyclopentan-$^{14}C_{(6)}$ im Millimol-Maßstab durch Isomerisierung von Cyclohexan-$^{14}C_{(6)}$ an wasserfreiem Aluminiumchlorid in der Flüssigphase kann zwar durch eine zweckentsprechende Arbeitstechnologie optimiert werden [1], doch ist die maximale Ausbeute durch die unter diesen Bedingungen thermodynamisch mögliche Gleichgewichtskonzentration mit ca. 28 Ma.-% vorgegeben. Dieser Nachteil läßt sich umgehen, indem man bei höheren Temperaturen in der Gasphase mit einem Festbettkatalysator arbeitet. Als geeigneter Katalysator dafür erwies sich der Typ 8850 (Pt/Y-Zeolith) des VEB Leuna-Werke „Walter Ulbricht".

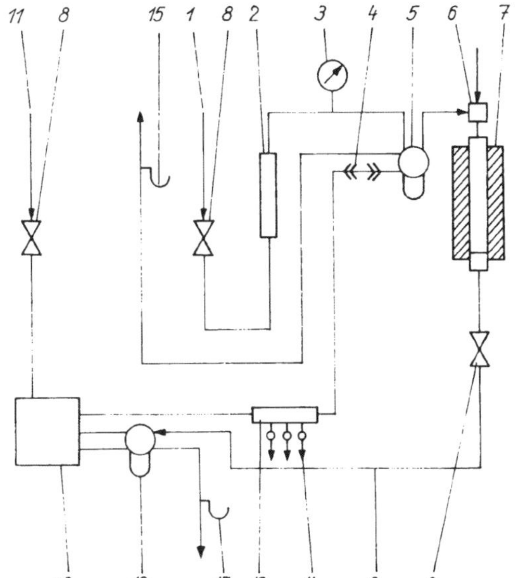

Abb. 1. Prinzipskizze des präparativen Impulsreaktors mit gaschromatographischer Reaktionsprodukttrennung

1 – Gaseingang zum Reaktor; 2 – Gasreinigung und -trocknung; 3 – Manometer; 4 – Ampulle mit ^{14}C-Einsatzprodukt; 5, 10 – Gasdosierhähne mit 4-ml-Schleife, gepackt; 6 – Spritzendosierung; 7 – elektrisch beheizter Reaktor mit Katalysatorfüllung; 8 – Nadelventil; 9 – Kapillarleitung; 11 – Trägergaseingang für Gaschromatograph; 12 – Gaschromatograph GCHF 18.3 (VEB Chromatron Berlin); 13 – Verteilerbrücke; 14 – Kühlfallen; 15 – Strömungsmesser

Alle Teiloperationen, nämlich die Produktdosierung, die Isomerisierung und die gaschromatographische Trennung der Reaktionsprodukte, erfolgen bei dem von uns entwickelten Verfahren in einem on-line-gekoppelten Gerätesystem, dessen schematischer Aufbau in Abb. 1 dargestellt ist.

Danach gliedert sich die Apparatur in folgende Hauptfunktionsgruppen:

1. Dosiervorrichtungen (5; 10), arbeitend nach dem Prinzip der Zwischenkondensation in kurzen gepackten Säulen,
2. elektrisch beheizbarer Reaktor mit der Katalysatorfüllung (7),
3. Gaschromatograph (12) mit Kühlfallensystem (13; 14) zum präparativen Trennen und Sammeln der Reaktionsprodukte.

Der Reaktor ist ausgelegt für Temperaturen bis 600 °C und Drücke bis 10 MPa, doch wird letzterer durch die benutzten Dosiervorrichtungen auf maximal 1 MPa begrenzt. Die Kühlung der gepackten Dosierschleifen zur Zwischenkondensation erfolgt mit flüssigem Stickstoff, die Beheizung zum plötzlichen Verdampfen und damit zur Dosierung des Kondensates direkt durch Niederspannung.

Reaktionsbedingungen und Parameter der präparativ-gaschromatographischen Trennung

Reaktionstemperatur:	320 – 370 °C
Reaktionsdruck:	≦ 1 MPa
H_2-Durchgang:	2,4 l · h^{-1}
Katalysatormenge:	1,6 g
dosiertes Cyclohexanvolumen pro Impuls:	80 µl
Trennsäulentemperatur:	75 °C
H_2-Trägergasstrom:	5 l · h^{-1}
Säule: 6000 × 6 mm; gefüllt mit 10 Ma.-% Dinonylphthalat auf Porolith	

Die Aktivierung und Formierung des Katalysators geschieht nach einem Programm mit folgenden Stufen:

- oxydative Vorbehandlung
- Reduktion mittels Wasserstoff
- Formierung mit Cyclohexan.

Isomerisierung und präparative Trennung

Zur Überprüfung der Aktivität und Selektivität des Katalysators werden zu Beginn der Herstellung 80 µl inaktives Cyclohexan über die Adaptervorrichtung 4 in den Reaktor

[1]) Anschrift: 7202 Böhlen

injiziert. Dabei sind beide Dosierhähne auf Spülen zu schalten, und die Schleife des Dosierhahnes 5 ist zu kühlen. Nach einer Spülzeit von 5 min erfolgt die Probengabe unter Heizung der Schleife 5. Gleichzeitig muß die Kapillarleitung 9 beheizt und die Dosierhahnschleife 10, die als Sammelfalle für das Isomerisat dient, gekühlt werden. Nach ca. 30 min befindet sich das gesamte Reaktionsprodukt in der Dosierschleife 10, und der entsprechende Dosierhahn kann nun unter gleichzeitiger Heizung auf Probengabe geschaltet werden, um das Reaktionsprodukt in den Gaschromatographen 12 zu überführen.

Beträgt der Isomerisierungsgrad bei dieser Testreaktion $\geqq$ 70 Ma.-% Methylcyclopentan, so erfolgt der Anschluß der vorgekühlten Ampulle mit dem Cyclohexan-$^{14}C_{(6)}$ über den Adapter 4. Jetzt sind wieder die Dosierschleifen zu kühlen und auf Spülen zu schalten. Durch Anlegen von Feinvakuum am Ausgang des Dosierhahnes 5 und Erhitzen der Ampulle mittels Heißluftdusche wird das aktive Cyclohexan in die gekühlte Schleife übergeführt. Die weitere Verfahrensweise ist der oben beschriebenen analog. Zur Erhöhung der Aktivitätsausbeute können anschließend weitere inaktive Substratimpulse in den Reaktor gegeben werden. Die den Gaschromatographen verlassenden getrennten Isomerisatkomponenten, d. h. das Cyclohexan- und das Methylcyclopentan-^{14}C, gelangen in separate Kühlfallen 14 und kondensieren dort. Die ebenfalls anfallenden geringen Mengen an Spaltkohlenwasserstoffen sammelt man in einer gemeinsamen Kühlfalle, da sich ihre Aufarbeitung nicht lohnt. Abschließend erfolgt die Bestimmung der Massen- und der ^{14}C-Aktivitätsausbeute.

Umsatz und Ausbeute

Die thermodynamisch mögliche Gleichgewichtskonzentration liegt z. B. bei einer Reaktionstemperatur von 350 °C bei 87 Ma.-% Methylcyclopentan [2]. Das bei dieser Temperatur gewonnene Reaktionsprodukt hat durchschnittlich nachstehende Zusammensetzung:

Spaltprodukte (Methan-Hexan):	10,6 Ma.-%
Methylcyclopentan:	73,6 Ma.-%
Cyclohexan:	15,8 Ma.-%

Damit wird praktisch eine Annäherung an das thermodynamische Gleichgewicht von 84,9% erreicht.

Der Abscheidungsgrad bei der präparativen Trennung beträgt für Methylcyclopentan 85–90% und für Cyclohexan 70–75%. Nach dem beschriebenen Verfahren läßt sich damit das Methylcyclopentan-$^{14}C_{(6)}$ mit einer Massenausbeute von ca. 62% und einer ^{14}C-Aktivitätsausbeute von ca. 64%, bezogen auf eingesetztes Cyclohexan-$^{14}C_{(6)}$, gewinnen.

Die durch umfangreiche Untersuchungen zur Aktivität und Selektivität des Katalysators erhaltenen Ergebnisse zeigen, daß die oben angeführte Aktivierung nur einmalig zu Beginn der Benutzung des Katalysators vorgenommen werden muß. Zur Inbetriebnahme der Apparatur nach längerer Unterbrechung der Reaktion ist lediglich eine einstündige H_2-Behandlung bei der Reaktionstemperatur nötig. Es konnte dabei keine Verminderung des Isomerisierungsgrades beobachtet werden.

Dieses heterogen-katalytische Verfahren zur Herstellung von Methylcyclopentan-$^{14}C_{(6)}$ bei höheren Temperaturen unter H_2-Druck in einer speziellen Verbundapparatur [3] hat gegenüber dem konventionellen Verfahren [1] wesentliche Vorteile:

- Erzielung bedeutend höherer Umsätze und somit höherer Methylcyclopentanausbeuten;
- Katalysierte Reaktion und präparative Trennung erfolgen in einem Arbeitsgang und dadurch Einsparung von Arbeitszeit;
- Vermeidung von Substanzverlusten durch Wegfall des Umfüllens von Einsatz-, Zwischen- und Endprodukten;
- Der Katalysator zeigt ein reproduzierbares und stabiles Aktivitäts-Zeitverhalten.

Die Apparatur ermöglicht ebenfalls ein Produkt-„recycling", so daß nicht umgesetztes und abgetrenntes Cyclohexan sofort wieder zur Isomerisierung dem Reaktor zugeführt werden kann.

Das beschriebene Verfahren läßt sich prinzipiell auch zur Herstellung von ^{14}C-markierten iso-Paraffinen aus den korrespondierenden n-Paraffinen nutzen, wenn man auf eine bestimmte Markierungsposition keinen Wert legt.

Eingegangen am 3. 1. 1980

Literatur

[1] *R. Russow*, Isotopenpraxis **9** (1973) 224
[2] *F. G. Ciapetta, R. M. Dobers, R. W. Baker*, Catalysis **6** (1958) 445
[3] WP der DDR angemeldet, Aktenzeichen C07C/2 126 241

Der Einfluß des Atmosphärendruckes bei energiedispersiven Röntgenfluoreszenzanalysen leichter Elemente

M. Schiekel[1]), *A. Steinbrecher*[2])

([1]) Technische Universität Dresden, Sektion Physik Wissenschaftsbereich Angewandte Kernphysik; [2]) VE Institut für Mikroelektronik Dresden)

(B11) INIS DESCRIPTORS:

air; argon; attenuation; cellulose; emission spectra; errors; iron 55; Li-drifted Si detectors; low pressure; medium vacuum; pressure dependence; sulfur; X-ray fluorescence analysis; X-ray sources

Energiedispersive Röntgenspektrometer besitzen gegenüber wellenlängendispersiven Systemen den Vorteil einer wesentlich höheren Effektivität. Deshalb finden bei der energiedispersiven Röntgenfluoreszenzanalyse oft auch Nuklidquellen zur Anregung Verwendung. Die gebräuchlichsten Quellen dieser Art bestehen je nach Primäraktivität und Nuklid aus Scheiben mit einem Durchmesser zwischen 5 und 20 mm und einer Dicke von 5—10 mm. Damit wird von der Anregungsseite her ein einfacher Aufbau des Analysengerätes ermöglicht. Die Leistungsfähigkeit eines solchen Gerätes ist in vielen Fällen ausreichend, Spurenelemente analytisch zu bestimmen. Deshalb ist auch die Notwendigkeit einer evakuierbaren Meßkammer oft noch umstritten. Besonders bei der Analyse leichter Elemente (mit Ordnungszahlen $Z \lesssim 20$) macht sich jedoch die umgebende Atmosphäre störend bemerkbar. Dieser Einfluß ist am Beispiel des Schwefelnachweises ($Z = 16$) näher untersucht worden.

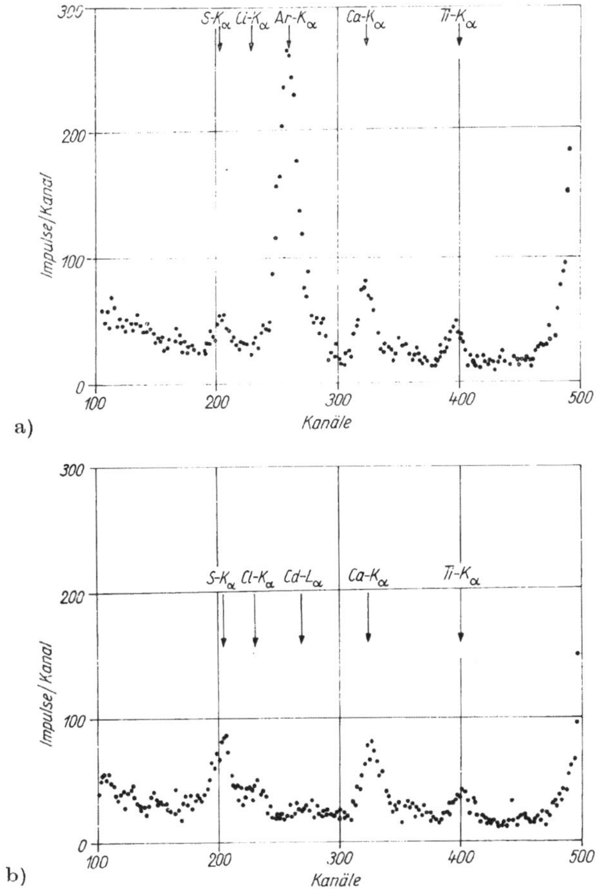

Abb. 1. Spektrum einer Filterprobe mit einem Gehalt von 1000 ppm Schwefel

a) Messung bei Atmosphärendruck (100 kPa)

b) Messung bei Feinvakuum (2 Pa)

Anschriften: [1]) 8027 Dresden, Mommsenstr. 13; [2]) 8080 Dresden, Königsbrücker Landstr. 139

Die verfügbaren Primärstrahlungsquellen senden Photonen mit Energien über 5 keV aus. Bereits durch Photonenstrahlung mit einer Energie größer als 3,2 keV wird die K-Strahlung des in der Luft enthaltenen Argons angeregt. Obwohl nur mit einer Konzentration von 1,3% in der Atmosphäre vorhanden, ist die entstehende Fluoreszenzstrahlung beträchtlich. In Abb. 1a ist das Spektrum einer dünnen Probe (Flächenmasse 8,9 mg/cm^2, Schwefelgehalt 1000 ppm) dargestellt. Zur Messung wurde ein Si(Li)-Halbleiterdetektorspektrometer verwendet, das in Zusammenarbeit mit dem Zentralinstitut für Kernforschung in Rossendorf und dem VEB ROBOTRON-Meßelektronik entwickelt worden ist. Die intensivste Linie im gezeigten Bereich entstammt der Ar-K-Strahlung. Dadurch werden der Untergrundanteil unter der S-K_α-Linie vergrößert und unmittelbar benachbarte Linien von Elementen mit geringen Konzentrationen völlig überdeckt. Da ein Teil des Spektrenuntergrundes im Detektor selbst entsteht, beeinflußt diese Strahlung den Nachweis aller weiteren niederenergetischen Linien. Dieser Effekt kann eliminiert werden, indem die Meßanordnung mit einer Atmosphäre ohne Arganonteil (z. B. Heliumgas) umgeben wird oder sich im Vakuum befindet.

Erheblichen Einfluß besitzt die umgebende Atmosphäre auch auf die Schwächung der von der Probe emittierten Röntgenstrahlung. Für sinkende Photonenenergien steigen die Massenschwächungskoeffizienten rasch an. Bereits nach Durchlaufen einer Luftstrecke von 25 mm verringert sich die Photonenstromdichte der Schwefel-K_α-Strahlung um mehr als die Hälfte, im Falle einer Al-K_α-Strahlung (1,5 keV) auf weniger als 5% des ursprünglichen Wertes. Aus meßtechnischen Gründen kann häufig kein kleinerer Abstand zwischen Probe und Detektor gewählt werden, so daß beträchtliche Absorptionsverluste entstehen. Die Schwächung der Probenstrahlung in der Atmosphäre beeinträchtigt infolge von Luftdruckschwankungen auch die Genauigkeit des Ergebnisses. In mittleren Breiten sind Luftdruckänderungen von 8,67 kPa möglich. Daraus können erhebliche Variationen in der Photonenstromdichte resultieren, die unter sonst gleichen Bedingungen bei S-K-Strahlung bis zu 7,5% und bei Al-K-Strahlung bis zu 30% betragen. Damit verschlechtert sich auch die Reproduzierbarkeit der Resultate in größerem Maß. Zur Vermeidung dieser Effekte ist es erforderlich, im Vakuum zu messen.

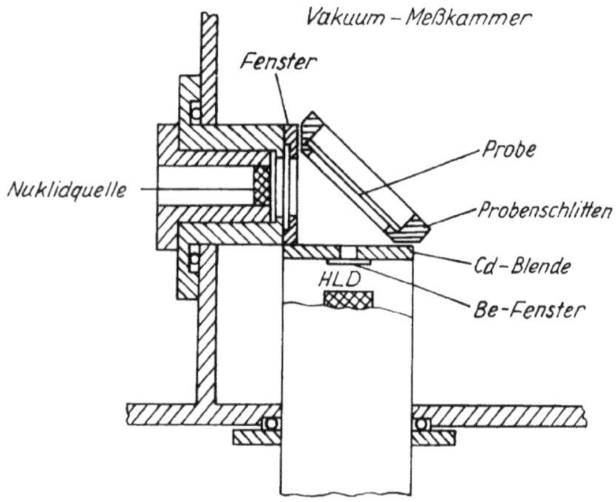

Abb. 2. Schematische Darstellung der Meßanordnung zur Röntgenfluoreszenzanalyse (Vakuumkammer nicht vollständig gezeichnet)

Für die experimentelle Untersuchung des Atmosphäreneinflusses wurde eine Anordnung mit evakuierbarer Meßkammer verwendet. Einen Schnitt durch diese Anlage zeigt Abb. 2. Der Winkel zwischen Primär- und Fluoreszenzstrahlung beträgt 90°. Die Anregung erfolgte mit einer Nuklidquelle ^{55}Fe (Aktivität 590 MBq). Die Probe bestand aus einem in $Ca(OCl)_2$ gebleichten Zellulosefilter (Flächenmasse 8,9 mg/cm²) mit einem Gehalt von 1000 ppm Schwefel. Als Detektor wurde ein 12-mm²-Si(Li)-Halbleiterdetektor mit einem Auflösungsvermögen von 200 eV für die Mn-K_α-Strahlung verwendet. Zur Erzeugung und Aufrechterhaltung des Vakuums in der Meßkammer diente eine Drehschieberpumpe mit einer Saugleistung von 30 m³/h.

Bei einer Meßzeit von 10^4 s wurde jeweils unter Atmosphärendruck (100 kPa) und Feinvakuum (2 Pa) gemessen. Die so gewonnenen Spektren sind in Abb. 1 dargestellt. Deutlich zeigt sich, daß unter Vakuum der Störeinfluß des Argons vollständig eliminiert ist. Das führt dazu, daß auch die Cl-K-Linie aus den Bleichmittelresten und eine Cd-L-Linie aus der Probenraumauskleidung nachgewiesen werden können. Weiterhin tritt im Vakuum eine beträchtliche Zunahme der registrierten Photonen in der S-K-Linie bei annähernd gleichem Untergrund auf. Das Linie/Untergrund-Verhältnis beträgt für die Messung bei Atmosphärendruck 0,36 und verbessert sich bei einem Druck von 2 Pa auf einen Wert von 0,73. Die Zählrate der S-K-Linie steigt von 73 Imp./h bei 100 kPa auf 243 Imp./h bei 2 Pa an. Berechnet man den relativen statistischen Fehler der Schwefelgehaltsbestimmung aus der Beziehung

$$\sigma_{r,\,stat} = \sqrt{\frac{1}{N}\left(1 + \frac{2}{P/U}\right)}$$

(N ist die Zahl der Impulse in der Linie, P/U ist das Linie/Untergrund-Verhältnis), so ergibt sich bei Messung im Vakuum ein um den Faktor 2,5 kleinerer Wert. Für höherenergetische Linien (z. B. Ti-K-Strahlung) ändern sich die Ergebnisse bei Messungen mit evakuiertem Probenraum im Vergleich zu Messungen bei Atmosphärendruck nicht.

Die vorgestellten Resultate zeigen, daß bei der Spurenelementanalyse leichter Elemente, wie z. B. bei Umweltuntersuchungen, in der Medizin und in der Geologie, die Verwendung einer evakuierbaren Meßkammer vorteilhaft ist. Damit wird nicht nur eine Eliminierung der Störstrahlung aus der umgebenden Atmosphäre erreicht, sondern ebenso eine Verbesserung der Genauigkeit infolge der Reduzierung von Schwächungsverlusten der Fluoreszenzstrahlung.

Eingegangen am 18. 1. 1980

Tagungsberichte

Bericht über die 12. Winterschule „Strahlenschutzphysik" vom 14. bis 18. Januar 1980 in Gaußig

Die vom Wissenschaftsbereich Strahlenschutzphysik der Sektion Physik der TU Dresden veranstaltete 12. Winterschule „Strahlenschutzphysik" fand vom 14. bis 18. Januar 1980 in Gaußig statt. Die Teilnehmer kamen aus dem VIK Dubna, aus der ČSSR und aus 14 Institutionen der DDR.

In 38 Vorträgen (Einführungsvorlesungen, Übersichtsvorträge, Forschungsberichte) wurde ein interessantes und niveauvolles Programm geboten.

In Weiterbildungsvorträgen wurden Grundlagen zu verschiedenen Problemen behandelt. *V. Schuricht* und *B. Dörschel* stellten im Vortragszyklus „Die Neutronenwaffe" einleitend physikalische Grundlagen der Freisetzung von Kernenergie dar. Anschließend wurden der prinzipielle Aufbau und die Wirkungsweise herkömmlicher Kernwaffen sowie der Neutronenwaffe erläutert. In weiteren drei Vorträgen referierten *B. Dörschel* und *V. Schuricht* zum Thema „Theorie des Strahlungstransports und Anwendungen im Strahlenschutz". Ausgehend von der *Boltzmann*schen Transportgleichung wurden exakte und näherungsweise Lösungsmethoden dargelegt und Anwendungsbeispiele im Strahlenschutz diskutiert. *D. Zappe* sprach in seinem Vortrag „Wahrscheinlichkeitstheoretische Methoden für Sicherheitseinschätzungen von Kernanlagen" über Möglichkeiten der Einschätzung von Ereignissen, die mit der Radionuklidfreisetzung aus Anlagen, die radioaktives Material enthalten, verbunden sind. *K. Runge* gab einen Überblick über „Die Behandlung und Endlagerung radioaktiver Abfälle", wobei er besonders auf die Verarbeitung flüssiger Abfälle sowie Verfahren zur Endlagerung im Untergrund einging.

Eine Reihe von Vorträgen befaßte sich mit Problemen der Dosimetrie in Neutronen-Gamma-Strahlungsfeldern. Einleitend wurden Fragen „Zur Interpretation in der Neutronendosimetrie" (*B. Dörschel, V. Schuricht*) behandelt, wobei die verschiedenen Einflußfaktoren auf den Meßeffekt besondere Berücksichtigung fanden. *J. Jakeš* (gemeinsam mit *J. Sabol*) sprach über die Möglichkeit, die Dosisanteile von Neutronen- und Gammakomponente durch „Die Anwendung organischer Szintillatoren in der Dosimetrie in gemischten

Neutronen-Gammafeldern" zu trennen. Mit Problemen der Neutronendosimetrie und Neutronenspektrometrie befaßten sich auch die Vorträge ,,Verwendung von Borfiltern bei der Bestimmung von Reaktorspektren mit Schwellwertdetektoren" (*A. Hrabovcová, D. Nikodemová*) und ,,Weiterentwicklung des von der TU Dresden vorgeschlagenen Neutronenpersonendosimeters auf der Basis von Festkörperspurdetektoren und erste Erfahrungen beim Einsatz in der Praxis" (*A. Rimpler, O. Sarenio, S. Stauke, W. Kraus*). Eine Einschätzung der verschiedenen in der Literatur vorliegenden ,,Dosis-Fluenz-Konversionsfaktoren für Neutronenstrahlung" gaben *O. Sarenio* und *W. Kraus*. Durch ,,Messung der Streustrahlung am Betatron" wurde von *D. Nikodemová, V. Laginová* und *P. Galan* der Beitrag von Photoneutronen zur Strahlenbelastung von Patienten ermittelt. Der experimentellen und rechnerischen ,,Bestimmung der Gammastrahlungsdosis an einer Moderatoranordnung mit einer ^{252}Cf-Neutronenquelle" war ein Vortrag von *J. Steuer* und *L. Ebermann* gewidmet.

Eine Vielzahl weiterer Vorträge wurde zum Themenkomplex ,,Strahlenschutzmeßtechnik" gehalten. *K. Hübner* erläuterte einführend die Größen ,,Lineare Energieübertragung, Bremsvermögen und Reichweite" von Schwerionen, ging dann auf die ,,LET-Abhängigkeit des Meßeffektes von CaF_2-Detektoren verschiedener Konfiguration" (*K. Hübner, R. Lange, D. Negwer, J. Henniger*) ein und stellte anschließend anhand experimenteller Ergebnisse den ,,Einfluß der LET auf das Ansprechverhalten von TL-Detektoren und Reichweitemessungen schwerer geladener Teilchen in diesen Detektoren" (*K. Hübner, J. Henniger, D. Negwer*) dar. Der weiteren Klärung des Spurbildungsmechanismus durch schwere geladene Teilchen war der Vortrag ,,Dosisabhängigkeit der radialen Ätzgeschwindigkeit einer Ionenspur in organischen Festkörperspurdetektoren" von *G. Pretzsch* gewidmet. *W. Stolz* gab einen Überblick über verschiedene Aspekte der ,,Radonmessung mit Festkörperspurdetektoren" in der Umwelt. ,,Ein Neutronendetektor für Strahlenschutzmessungen hinter Beschleunigerabschirmungen" auf der Basis von Plastszintillatoren wurde von *G. Hahn* vorgestellt. *K. Gerhardt* informierte über ,,Radiometrisch-dosimetrische Geräte mit Ionisationskammern für Bestrahlungstechnik und Strahlenschutz aus dem VEB Robotron-Meßelektronik ,,Otto Schön" Dresden. Probleme ,,Alphaspektrometrischer Meßverfahren im Niedrigaktivitätsgebiet" erläuterte *D. Obrikat*. Fragen der Sicherung der Richtigkeit der Meßmittel in der DDR behandelte der Vortrag ,,Das Staatliche Etalon der Einheit der Energiedosis von Betastrahlung" (*H. Korn, K. Hohnstädter*). *K.-H. Weber* sprach ,,Zum Problem der Messung des effektiven Dosisäquivalents für Quantenstrahlung" mit einem Halbleiterdetektor. ,,Möglichkeiten der Tiefenbestimmung niederenergetischer Quantenstrahlung am Gewebe" diskutierte *W. Schlüter* in seinem Vortrag. *A. Dařičková* (gemeinsam mit *J. Klusoň*) referierte zum Thema ,,Die Anwendung der Lyolumineszenz-Methode in der Dosimetrie ionisierender Strahlung" und stellte experimentelle Ergebnisse vor.

Der nächste Themenkomplex befaßte sich mit der Berechnung und experimentellen Untersuchung von Strahlungsfeldern. *W. Gerullis* gab einen Überblick über ,,Ingenieurtechnische Verfahren zur Auslegung von Abschirmungen gegen Gammastrahlung". Die Berechnungsgrundlagen zur Ermittlung der ,,Quellstärke der sekundären Neutronenstrahlung an Schwerionenbeschleunigern" erläuterte *J. Henniger*. *K. Kontschak* stellte ,,Das Strahlungsfeld eines Nullreaktors und seine Abschirmung" am Beispiel des Zittauer Lehr- und Forschungsreaktors dar. *G. Eschner* sprach ,,Über die Berechnung der Aktivitäts- und Strahlungsverhältnisse von Gasrückhalteanlagen bei Normalbetrieb von KKW" und diskutierte ein Rechenbeispiel.

Eine Anzahl von Vorträgen wurde zu freien Themen gehalten. Im Vortrag von *L. Ackermann* und *H. Rabold* wurden ,,Aussagen zur Festlegung von Kontaminationsgrenzwerten im Zusammenhang mit der Stillegung von Kernanlagen" gemacht. *L. Voigtmann* referierte über ,,Modellvorstellungen zur Beschreibung des am Bindegewebe durch fraktionierte Einwirkung ionisierender Strahlung gesetzten Schädigungsgrades" in der Strahlentherapie. Mit Problemen der Gammaspektrometrie befaßten sich die Vorträge ,,Auswertung von Gammaspektren mit Hilfe des Gerätesystems NTA 1024/EMG-666" (*P. Sahre*) und ,,Gammaspektrometrische Nuklidanalyse von Betriebswässern des Rossendorfer Forschungsreaktors" (*B. Knobus*). Fragen der Strahlenschutztechnischen Überwachung am Arbeitsplatz wie z. B. des Nachweises von Aerosolen wurden abschließend in den Vorträgen ,,Probleme des Schutzes vor innerer Bestrahlung" (*S. Przyborowski*), ,,Zur Berücksichtigung der Raumluftströmung bei Luftaktivitätskontrollen am Arbeitsplatz" (*V. Ringel*), ,,Strahlenschutz im Alphalabor" (*A. Beutmann*) und ,,Fallanalyse zum Einfluß der Inkorporationsüberwachung auf die Verbesserung von Arbeitsprozessen" (*J. Fietz, H. Zenker*) behandelt.

Die 13. Winterschule ,,Strahlenschutzphysik" wird voraussichtlich im März 1981 wieder in Gaußig stattfinden.

G. Pretzsch

Eingegangen am 3. 3. 1980

Informationen

IAEA/BRD. Zwischen der Internationalen Atomenergie-Agentur (IAEA) und der Gesellschaft für Strahlen- und Umweltforschung (GSF), München, BRD, wurde Ende Januar 1980 in Wien ein Abkommen über ein gemeinsames Forschungsprogramm zur Untersuchung des physikalischen Verhaltens und der Isotopenzusammensetzung des Wassers in der Lüftungszone des Bodens unterzeichnet.

Durch das Abkommen sollen Forschungen, die eine bessere Einsicht in die Bewegungen des Wassers in der ungesättigten Zone des Bodens zum Ziel haben, intensiviert werden. Der Verlauf dieses Prozesses ist noch ungenügend bekannt, besonders in den Wüsten und wüstenartigen Gebieten der Welt, die größtenteils in den Entwicklungsländern liegen. In jenen Regionen wird das Grundwasser zunehmend zur Deckung des steigenden Wasserbedarfs für die Versorgung von Landwirtschaft und Haushalten herangezogen. Die Forschungen sollen neue Erkenntnisse darüber erbringen, wie diese Grundwasserreserven durch Einsickern von Niederschlägen wieder aufgefüllt werden.

Dabei sollen Isotopenverfahren, die sich bereits in der hydrologischen Forschung bewährt haben, eingesetzt werden. Dieses Programm entspricht der Zielsetzung des Internationalen Hydrologischen Programms, das von der Organisatian der Vereinten Nationen für Erziehung, Wissenschaft und Kultur (UNESCO) durchgeführt wird und an dem sich die IAEA beteiligt.

ISO. Das Unterkomitee 4 (SC 4) „Radioaktive Strahlenquellen" des Technischen Komitees 85 (TC 85) der ISO hat seine Tätigkeit eingestellt. Das unter der Leitung von *T. Radoszewski* (Polen) stehende Unterkomitee hat seine geplanten Aufgaben im wesentlichen erfüllt. Die wenigen restlichen Arbeiten sollen dem Unterkomitee „Strahlenschutz" (TC 85/SC 2) übertragen werden.

DDR. In der Reihe der Mitteilungen des Zentralinstituts für Isotopen- und Strahlenforschung der AdW der DDR, Leipzig, (ZFI-Mitteilungen) sind erschienen:

Nr. 21: Die friedliche Nutzung der Atomenergie in historischer Sicht (*G. M. Hampel*).

Nr. 22: RGW-Symposium „Anwendung von Radioisotopenmethoden in der Industrie, einschließlich Kontroll- und Steuerungsmittel", Leipzig, 26.–29. 9. 1978 (Vorträge von Mitarbeitern des Zentralinstituts für Isotopen- und Strahlenforschung auf diesem Symposium in der russisch-sprachigen Fassung; Supplement: deutschsprachige Arbeitsmanuskripte der Autoren auf Mikrofiche; Anhang: Übersicht über alle auf dem Symposium gehaltenen Vorträge).

Die ZFI-Mitteilungen können direkt vom Institut bezogen werden.

DDR/Polen. Am 19. Dezember 1979 wurde in Berlin zwischen der Isocommerz GmbH und dem polnischen Außenhandelsunternehmen Metronex ein Rahmenvertrag über die Lieferung von 13 Elektronenlinearbeschleunigern des Typs Neptun 10p an die DDR in den Jahren 1981 bis 1985 unterzeichnet.

Der für die Tumortherapie bestimmte Linearbeschleuniger Neptun 10p wurde in Zusammenarbeit zwischen dem Institut für Kernforschung Swierk und der französischen Firma CGR-MeV entwickelt.

Mit den bisher gelieferten drei Anlagen dieses Typs, die in den Jahren 1978 und 1979 in radiologischen Kliniken der DDR (Martin-Luther-Universität Halle, Küchwald-Klinikum Karl-Marx-Stadt, Karl-Marx-Universität Leipzig) in Betrieb genommen wurden, konnten vielversprechende Ergebnisse erzielt werden, über die auf einer Pressekonferenz anläßlich der Vertragsunterzeichnung berichtet wurde.

Da der Erfolg strahlentherapeutischer Maßnahmen wesentlich davon abhängt, wie es gelingt, das erkrankte Gewebe zu zerstören und dabei das gesunde maximal zu schonen, kommt dem Einsatz von Bestrahlungseinrichtungen mit scharfer Feldbegrenzung und Strahlenergien, die einen „Aufbaueffekt" im Körperinneren gewährleisten, besondere Bedeutung zu.

Nachfolgend einige wichtige Parameter des Linearbeschleunigers Neptun 10p:

Energie der Elektronenstrahlung	6, 8, 10 MeV
Energie der Elektronenstrahlung zur Erzeugung der Bremsstrahlung	9 MeV

Größe des Bestrahlungsfeldes in der Achse des Isozentrums, d. h. in 1 m Abstand vom Target

für Bremsstrahlung	3×3 bis 40×40 cm^2
für Elektronenstrahlung	3×3 bis 25×25 cm^2

Feldhomogenität

für Bremsstrahlung	$\leq 3\%$
für Elektronenstrahlung	$\leq 4\%$

Rotationswinkel 365°

Randabfall des Brems- bzw. Elektronenstrahlfeldes (bei Anwendung der mit Feldgröße mitlaufenden Kollimatoren) von 90% auf 10%

bei kleinen Feldern	innerhalb 7 mm
bei Feldern 10×10 cm^2	innerhalb 9 mm
bei maximaler Feldgröße	innerhalb 20 mm.

Die Werte für den Randabfall gelten nahe der Körperoberfläche. Bei Anwendung der 9-MeV-Bremsstrahlung beträgt die Dosisleistung an der Hautoberfläche in Abhängigkeit von der Feldgröße 55–75% des Maximalwertes, der in einer Tiefe von 21 mm liegt. Bei Elektronenstrahlung von 10 MeV liegt das Dosisleistungsmaximum bei ca. 20 mm, der Abfall auf 80% erfolgt in einer Gewebetiefe von 47,5 mm; tiefer liegendes gesundes Gewebe wird geschont.

Ein verantwortlicher Mitarbeiter der Radiologischen Klinik der Martin-Luther-Universität Halle teilte auf der o. g. Pressekonferenz mit, daß bei der Auswertung bisher vorliegender Bestrahlungsergebnisse mit der Anlage Neptun 10p gegenüber der Bestrahlung mit ^{60}Co folgende Vorteile festgestellt wurden:

1. Die Symptome der Strahlenkrankheit, die mit der Bestrahlung verbunden sind (Hautrötungen, Schleimhautentzündungen, Magenbeschwerden), gehen in Abhängigkeit von den individuellen Bestrahlungsbedingungen auf 10–20% zurück.

2. Bei Vorbestrahlung vor Operationen ist die Wundheilung nach der Operation besser.
3. Die primäre Turmorrückbildungsrate ist auf Grund der optimierten Bestrahlungsbedingungen günstiger.

Die Bestrahlungsergebnisse bestätigen vollauf die Erwartungen, die auf Grund der Strahlungsparameter des Linearbeschleunigers gehegt wurden bzw. übertreffen diese noch. Untersuchungen zur Sicherung der guten Behandlungsergebnisse wurden eingeleitet.

Es sei noch darauf verwiesen, daß — neben den primären Verbesserungen der Bestrahlungsergebnisse — durch die signifikante Verminderung der Symptome der Strahlenkrankheit die psychische Belastung der Patienten wesentlich verringert wird.

BRD. Einen neuen Katalog „Radioaktive Strahlenquellen" in deutscher Sprache hat die Fa. Amersham Buchler GmbH & Co. KG herausgegeben. Er enthält Beschreibungen und nähere technische Angaben zu Strahlenquellen für Industrie, Forschung, Lehre und Strahlenschutzüberwachung. Es werden Beispiele für typische Anwendungen angeführt.

BRD. In ihrem Werk Karlstein stellt die Kraftwerk-Union AG (KWU) umschlossene ^{60}Co-Strahlenquellen für die medizinische Anwendung her. Die doppelt in Edelstahlkapseln eingeschweißten Strahlenquellen entsprechen den Vorschriften und Normen der IAEA. Bisher wurden 40 derartige ^{60}Co-Strahlenquellen produziert und an Krankenhäuser in der BRD und in sieben andere Länder geliefert.

BRD. Die Klärschlamm-Hygienisierungsanlage des Abwasserverbandes Ampergruppe in Geiselbullach wurde durch Spezialisten der Gebr. Sulzer AG (Schweiz) mit 16 neuen ^{60}Co-Strahlenquellen beladen. Mit dieser dritten Beladung seit der Inbetriebnahme der Anlage im Juni 1973 beträgt die Gesamtaktivität z. Z. rund 555 kCi. Mit der Anlage können pro Jahr 60000 m^3 Klärschlamm einwandfrei entkeimt und an die Landwirtschaft abgegeben werden. Diese Menge reicht zur Düngung von ca. 600 ha Ackerfläche.

BRD. Im Kernforschungszentrum Karlsruhe (KfK) wurde eine Bohrlochsonde in Modulbauweise zur Erkundung von Uranlagerstätten entwickelt. Die Sonde mißt den Urangehalt im Bohrloch praktisch verzögerungsfrei. Die Meßergebnisse werden unabhängig von der Bohrlochtiefe kontinuierlich aufgezeichnet. Das Meßprinzip der Sonde beruht auf der Anregung charakteristischer Uran-Röntgenfluoreszenzstrahlung durch die Gammastrahlung einer ^{57}Co-Quelle (10 mCi). Die Röntgenfluoreszenzstrahlung wird mit einem auf −170 bis −150 °C gekühlten Germanium-Halbleiterdetektor registriert und über einen Elektronikbaustein in digitale Werte umgesetzt. Der Meßbereich der Sonde, die zur Zeit in Zusammenarbeit mit der Saarberg-Interplan einer Eignungsprüfung für den industriellen Einsatz bei Feldmessungen unterzogen wird, umfaßt Urankonzentrationen von ca. 0,002 ... 7%. Das Sondensystem wurde in einem Zeitraum von 7 Jahren zur Einsatzreife entwickelt; der Kostenaufwand betrug rund 7 Mio. DM.

UdSSR. Heft 1/1980 der Zeitschrift „Atomnaja Energija" enthält u. a. folgende Beiträge:
Chemische Systeme zur Tritiumgewinnung in der thermonuklearen Energetik (*W. G. Wasiljew*);
Neutronenresonanzen von Isotopen des Osmiums im Energiebereich von 1 ... 550 eV (*T. S. Belanowa* u. a.);

Kurze Originalmitteilungen:
Vergleich der Bildungsquerschnitte von ^{115}Cd und ^{140}Ba bei der Photospaltung von ^{235}U, ^{238}U, ^{237}Np und ^{239}Pu (*P. P. Ganitsch* u. a.);
Dosisaufbaufaktoren von Gammastrahlung in Luft (*I. N. Butujewa, I. N. Trofimow*);
Einfluß von Wasserstoff auf den Fehler bei der Messung des Gehalts spaltbarer Nuklide mit Neutronenmethoden (*W. I. Bulanenko, W. W. Tscharytschanski*);
Abhängigkeit der Intensität der durch Protonen (Ionen) erzeugten Röntgenstrahlung von der Ionenenergie und Targetdicke (*W. F. Wolkow* u. a.);
Experimentelle Bestimmung des Tritium-Reproduktionskoeffizienten (*D. I. Jewgrafowa* u. a.);
Zur Möglichkeit der Verwendung einer ^{145}Sm-Quelle zur röntgenradiometrischen Untersuchung von Zinnerzen (*W. W. Smirnow* u. a.);
Gamma- und Neutronenstrahlung von ^{239}Pu-Fluoriden (*W. W. Owetschkin*);
Einfluß von spaltproduktimitierenden Zusätzen auf die Elastizitätseigenschaften von UC (*S. A. Balankin* u. a.).

Niederlande. Vom Energieonderzoek Centrum Nederland (ECN) wurde eine vollautomatische Anlage zum Pressen und Verpacken niedrigaktiver Rückstände in Betrieb genommen, die mit einer 1500-t-Presse ausgestattet ist. Mit Hilfe dieser Anlage, die eine Durchsatzkapazität von 20 bis 25 100-l-Fässern pro Stunde besitzt, kann das Ausgangsvolumen der Rückstände auf rund 10% verringert werden. Die gepreßten Rückstände werden durch Betonieren in Fässern in eine lagerfähige Form gebracht.

Großbritannien. Im Experimentellen Zentrum für Reaktorforschung in Dounreay wurde die 1. Stufe einer Anlage für die Wiederaufarbeitung von abgebranntem Brennstoff schneller Reaktoren in Betrieb genommen (Kosten: 3,4 Mio £). Es handelt sich um die erste Anlage dieser Art in der Welt. In diesem Zentrum sind fast alle Glieder des Brennstoffkreislaufs schneller Reaktoren vereinigt (die Brennstoffkassetten werden von der britischen Fa. BNFL in Windscale hergestellt).

In der ersten Baustufe der Wiederaufarbeitungsanlage wird Brennstoff auf Uranbasis verarbeitet (in erster Linie Brennstoff des stillgelegten 14-MWe-Prototypreaktors „Dounreay"). Die zweite Ausbaustufe ist für die Wiederaufarbeitung von Brennstoff des schnellen Prototypreaktors PFR (250 MWe) vorgesehen, dessen Brennelemente Plutonium enthalten. Nach der Abtrennung der Uran- und Plutoniumisotope sollen diese per Eisenbahn oder Schiff nach Windscale zur weiteren Verarbeitung (Brennelemente) gebracht werden. Es ist geplant, dort auch die flüssigen hochaktiven Rückstände in wassergekühlten Behältern aus rostfreiem Stahl zwischenzulagern und sie später für die Endlagerung zu verfestigen. Die verfestigten Rückstände sollen anfangs in speziell ausgerüsteten gekühlten Bunkern aufbewahrt werden.

USA. Die Sierra Nuclear Corporation will ein neues, an der Stanford-Universität entwickeltes Verfahren für die Wiederaufarbeitung bestrahlter Kernbrennstoffe zur industriellen Reife bringen. Es handelt sich dabei um einen metallurgischen Hochtemperaturprozeß, der bei 400 bis 1800 °C abläuft und bei dem die abgebrannten Brennelemente in einem Bad von flüssigem Zinn, das sich in einem Graphitgefäß befindet, unter geringem Stickstoff-Überdruck geschmolzen und aufgelöst werden. Die Oxide werden in der Schmelze zu Metallen reduziert und nitriert. Die Spaltprodukte fallen in fester Form an und schwimmen auf der Oberfläche der Schmelze, oder sie verlassen die Schmelze als Gase. Die Uran- und Plutoniumnitride – rund 97% des abgebrannten Brennstoffs – sinken zu Boden und können zur Wiederverwendung entnommen werden. Eine Vielzahl von Experimenten mit Uran bzw. Plutonium und simulierten Brennelementen, die in Stanford und am Lawrence Livermore Laboratory durchgeführt wurden, verlief erfolgreich. Nunmehr wurden von den Battelle Laboratories in Columbus (Ohio) Versuche mit echtem abgebrannten Brennstoff begonnen. Im Anschluß daran will die Sierra Nuclear bei Battelle eine Pilotanlage errichten und in Betrieb nehmen.

Der Zinnschmelze-Prozeß eignet sich im Gegensatz zu anderen Verfahren zur Wiederaufarbeitung verschiedener Kernbrennstoffe (Oxide, Karbide, Nitride, Metallegierungen).

Kanada. Den zuständigen kanadischen Behörden liegen Angebote zweier Industriegruppen für den Bau eines Atomeisbrechers vor, der auf der Arktik-Route eingesetzt werden soll. Die Angebote kamen von der französischen Alsthom-Atlantique (zusammen mit der kanadischen Canatom) sowie von der britischen Gruppe Ship Propulsion Ltd. (mit Rolls-Royce & Ass. Ltd., General Electric Co. Ltd. und Vickers Ltd.). Die Kosten des Eisbrechers mit einem 150000-WPS-Nuklearantrieb werden auf 350–400 Mio $ geschätzt.

Japan. Wie die Power Reactor & Nuclear Fuel Development Corp. (PNC) mitteilte, wurde die auf der Insel Honshu errichtete japanische Pilotanlage für die Urananreicherung mit Ultrazentrifugen im zweiten Halbjahr 1979 in Betrieb genommen. Bis Mitte Dezember 1979 sollen 300 kg Uran mit einem Anreicherungsgrad von 3,2% ^{235}U hergestellt worden sein. Z. Z. arbeitet die Anlage mit 1000 Zentrifugen; bis 1981 sollen 7000 Zentrifugen in Betrieb sein.

Japan. Nach Angaben des Japan Atomic Industrial Forum (JAIF) wurde im Nakano National Chest Hospital in Tokio das kleinste Zyklotron der Welt in Betrieb genommen. Die Anlage mit der Bezeichnung ,,Baby Cyclotron Nr. 1" dient zur Herstellung sehr kurzlebiger Radionuklide wie ^{11}C, ^{13}N, ^{15}O und ^{18}F. Das Zyklotron hat einen Durchmesser von 1,6 m und eine Höhe von 1,5 m. Es wiegt 13 t. Die Aufstellungsfläche beträgt 20 m^2.

Japan. Im Kernforschungsinstitut Tokai wird ein Beschleunigerkomplex unter der Bezeichnung NUMATRON entwickelt, der für die Beschleunigung von Uranionen bis auf Energien von 1,3 GeV/Nukleon vorgesehen ist. Der Beschleuniger soll auf dem Gebiet der Kernphysik, Chemie, Medizin, Strahlenbiologie usw. eingesetzt werden. Der Komplex umfaßt Linearbeschleuniger nach *Wideröe* und *Alvarez* und zwei Synchrotrons mit einem Bahnradius von 34 m. Die in den Linearbeschleunigern beschleunigten Uranionen werden in den ersten Ring überführt und bis auf 150 MeV/Nukleon beschleunigt. Danach werden sie im zweiten Ring gespeichert und auf Endenergie beschleunigt.

Das Projekt für die Anlage ist fertiggestellt, eine Entscheidung über die Finanzierung wurde jedoch noch nicht getroffen. Gegenwärtig wurde die Errichtung eines kleinen Speicherrings mit 5 m Radius abgeschlossen, mit dem die bei NUMATRON vorgesehenen Methoden der Speicherung erprobt werden sollen. Die Injektion in diesem Ring erfolgt mit einem Isochronzyklotron.

Buchbesprechungen

A Theoretical Approach to Inorganic Chemistry

A. F. Williams, Berlin–Heidelberg–New York: Springer-Verlag 1979, XII + 316 S., 144 Abb., 17 Tab.; Leinen kaschiert, DM 98,–/U$ 53,90

Das in den letzten Jahrzehnten enorm angewachsene experimentelle Material der anorganischen Chemie zwingt zur Suche nach Konzepten, die helfen, trotz dieser Tatsache den Überblick über das Gesamtgebiet zu bewahren. *Williams'* Buch stellt in diesem Zusammenhang einen interessanten Versuch dar, diese Problematik durch die Darstellung der wesentlichen theoretischen Zusammenhänge zwischen den einzelnen grundlegenden chemischen Erscheinungen zu bewältigen. Der Autor geht dabei von der Qnantenmechanik des Atoms aus, behandelt dann die MO-Theorie und diskutiert dazu strukturspezifische Anwendungsbeispiele. Anschließend erläutert er Elektronenspektren und magnetische Eigenschaften anorganischer Verbindungen. Ein Kapitel über alternative Methoden und Begriffe bringt Ausführungen über neuere Modellverfahren zur Berechnung der chemischen Bindung, die Anwendung der Thermodynamik in der anorganischen Chemie und die sinnvolle Verwendung von herkömmlichen Begriffen wie beispielsweise Elektronegativität und Oxydationsstufen. Darlegungen zu Reaktionsmechanismen, physikalischen und spektroskopischen Methoden zur Strukturaufklärung sowie eine knappe Beschreibung der vom theoretischen Standpunkt her wichtigsten Eigenschaften der Elemente schließen das Buch ab.

Man muß dem Autor bescheinigen, daß es ihm gelungen ist, auf knappem Raum wohl alle wichtigen Querverbindungen zwischen den genannten Gebieten zu umreißen. Die angegebene weiterführende Literatur zu den Einzelthemen wird man aber in jedem Fall bei der Lektüre zu Rate ziehen müssen, wenn das Wesen der besprochenen Erscheinungen wirklich verstanden werden soll. Das Buch dürfte auf Grund seines bündigen Stils vor allem als Repetitorium geeignet sein, aber auch oft Hinweise auf Informationen geben, die man für die Klärung eines Problems aus Nachbargebieten entnehmen kann.

D. Pabst

Uses of tracer analysis for the solution of various problems in chemical and related industries are reported. The investigation of mixing and grinding processes, the determination both of drag effects through vaporization of liquids and of losses of solid matter through evaporation when sintered, investigations on the distribution of a liquid phase in solid matter, as well as the determination of the conversion ratio in chemical reactions are described.

W. A. Kaminsky, B. S. Dshandshgava

Theoretical Investigation of the Chemical Isotope Exchange Process in Columns and Calculation of HETP (*in Russian*)

Isotopenpraxis **16** (1980) No. 7, p. 229 to 234
4 Fig., 2 Tab., 2 Ref

A mathematical model describing the chemical isotope exchange process in columns has been set up. An expression has been found for HETP in the general case, when the reaction takes place both at the interphase and within the liquid owing to the gas dissolved in the latter. The found expressions render possible consideration of the impact of the exchange reaction constant, of the solubility of the gas in the liquid and of the diffusion coefficient, the latter three in turn depending on the working pressure and the temperature, under which the process is running.

K. Farjo

"Stable Isotope Mixing", a Proposal to Analyze Stable Isotopes Using a Technique Similar to the Isotope Dilution Analyse. Part I. Theoretical Treatment (*in English*)

Isotopenpraxis **16** (1980) No. 7, p. 235 to 236
– Fig., Tab., 3 Ref.

A proposal (shortly expressed as stable isotope mixing) similar to the stable isotope dilution analysis is described. It deals with the determination of the stable isotope relative abundances. Several related formulae are derived and briefly discussed. Other characters e.g. formula weight may be obtained in the same way.

Letters to the Editor

U. Kossakovsky, R. Russov

Preparation of Methylencyclopentane-^{14}C by Heterogeneous Catalytic Isomerization of Cyclohexane-^{14}C

Isotopenpraxis **16** (1980) No. 7, p. 237 to 238
1 Fig., – Tab., 3 Ref.

M. Schiekel, A. Steinbrecher

Influence of Atmospheric Pressure in Energy Dispersive X-Ray Fluorescence Analysis of Light Elements

Isotopenpraxis **16** (1980) No. 7, p. 239 to 240
2 Fig., – Tab., – Ref.

Meetings

Isotopenpraxis **16** (1980) No. 7, p. 240 to 241

Information

Isotopenpraxis **16** (1980) No. 7, p. 242 to 243

New Books

Isotopenpraxis **16** (1980) No. 7, p. 244

Докладывается о применении анализа методом меченых атомов для решения разных проблем в химической и смежных отраслях промышленности. Описываются исследования, осуществленные в связи с процессами перемешивания и измельчения, с определением эффектов натяжения при испарении жидкостей, а также потерь, вызванных испарением твердых веществ в процессе спекания, с определением распределения жидкой фазы в твердом веществе, а также с определением степени преобразования в связи с химической реакцией.

В. А. Каминский, Б. Ш. Джанджгава

Теоретическое исследование процесса химмического изотопного обмена в колоннах и вычисление вэтт (*на русск. языке*)

Isotopenpraxis **16** (1980) вып. 7, стр. 229 до 234
4 рис., 2 табл., 2 лит.

Разработана математическая модель, описывающая процесс химического изотопного обмена в пленочной колонне и получено аналитическое выражение для ВЭТТ в общем случае, когда обменная реакция идет как на границе контакта фаз, так и в глубине жидкости за счет растворенного в ней газа. Полученные выражения позволяют учитывать влияние на ВЭТТ константы скорости обменной реакции, растворимости газа в жидкости и коэффициентов диффузии, в свою очередь зависящих от рабочего давления и температуры процесса.

К. Фарьё

„Перемешивание стабильных изотопов", предлагаемый способ анализа стабильных изотопов, подобный методу изотопного разбавления
Часть I. Теоретическое оформление (*на англ. языке*)

Isotopenpraxis **16** (1980) вып. 7, стр. 235 до 236
– рис., – табл., 3 лит.

Описывается способ (коротко называемый „Перемешиванием стабильных изотопов"), подобный анализу методом изотопного разбавления. Он служит для определения относительной распространенности стабильных изотопов. Выводятся и обсуждаются некоторые соответствующие формулы. Тем же образом можно и получить дальнейшие данные, как например весовую формулу.

Письма в редакцию

У. Косаковский, Р. Руссов

Приготовление метилциклопентана-^{14}C с помощью гетерогенно-каталитической изомеризации циклогексана-^{14}C

Isotopenpraxis **16** (1980) вып. 7, стр. 237 до 238
1 рис., – табл., 3 лит.

М. Шикель, А. Стейнбрехер

Влияние атмосферного давления при энергодисперсионном рентгено-флуоресцентном анализе лёгких элементов

Isotopenpraxis **16** (1980) вып. 7, стр. 239 до 240
2 рис., – табл., – лит.

Совещания

Isotopenpraxis **16** (1980) вып. 7, стр. 240 до 241

Новости

Isotopenpraxis **16** (1980) вып. 7, стр. 242 до 243

Новая литература

Isotopenpraxis **16** (1980) вып. 7, стр. 244

Contens of this Issue

Articles

Kolibri 360 GmbH
Ferdinand-Jühlke-Straße 7
99095 Erfurt, Deutschland
produktsicherheit@kolibri360.de